广告 MINOTTI STUDIO

CONNERY 沙发组合系列 ｜ 设计 RODOLFO DORDONI
TORII 扶手椅 ｜ 设计 NENDO
BOTECO 边几 ｜ 设计 MARCIO KOGAN / STUDIO MK27
到 MINOTTI.COM/CONNERY 了解更多

Minotti

Poliform

36

76

IFDM
室内家具设计

年份 YEAR VI

2021

主编 EDITOR-IN-CHIEF
Paolo Bleve | bleve@ifdm.it

出版协调 PUBLISHING COORDINATOR
Matteo De Bartolomeis | matteo@ifdm.it

总编辑 MANAGING EDITOR
Veronica Orsi | orsi@ifdm.it

项目经理
PROJECT AND FEATURE MANAGER
Alessandra Bergamini | contract@ifdm.it

合作商 COLLABORATORS
Manuela Di Mari, Antonella Mazzola

国际投稿
INTERNATIONAL CONTRIBUTORS

纽约 New York
Anna Casotti

洛杉矶 Los Angeles
Jessica Ritz

伦敦 London
Francesca Gugliotta

网页编辑 WEB EDITOR
redazione@ifdm.it

数字部门 DIGITAL DEPARTMENT
Federica Riccardi | web@ifdm.it

公关经理&市场经理
PR & MARKETING MANAGER
marketing@ifdm.it

品牌公关 BRAND RELATIONS
Camilla Guffanti | camilla@ifdm.it
Annalisa Invernizzi | annalisa@ifdm.it

设计部 GRAPHIC DEPARTMENT
Sara Battistutta, Marco Parisi
grafica@ifdm.it

翻译 TRANSLATIONS
Cesanamedia - Shanghai
Stephen Piccolo - Italy
Traslo - Italy

广告 ADVERTISING
Marble/ADV
Tel. +39 0362 551455 - info@ifdm.it

版权与出版商 OWNER AND PUBLISHER
Marble srl

总部 HEAD OFFICE & ADMINISTRATION
Via Milano, 39 - 20821 - Meda, Italy
Tel. +39 0362 551455 - www.ifdm.design

蒙扎法院授权 213号 2018.1.16

PH. ANDREA FERRARI

160 4101

www.baxtersrl.cn

MADE IN ITALY

保持联系
Let's keep in touch!

ifdmdesign

104

132

IFDM
室内家具设计

年份 YEAR VI
2021

图书在版编目（CIP）数据

IFDM室内家具设计 ：工程与酒店：珍藏版. 2021. 春/夏 / 意大利IFDM杂志社编；孙福广译. — 沈阳：辽宁科学技术出版社, 2021.6
ISBN 978-7-5591-2057-1

Ⅰ.①I… Ⅱ.①意…②孙… Ⅲ.①家具—设计 Ⅳ.①TS664.01

中国版本图书馆CIP数据核字(2021)第087380号

出版发行：辽宁科学技术出版社
（地址：沈阳市和平区十一纬路25号 邮编：110003)
印 刷 者：北京联合互通彩色印刷有限公司
经 销 者：各地新华书店
幅面尺寸：225mm×260mm
印 张：12
插 页：4
字 数：260 千字
出版时间：2021 年 6 月第1版
印刷时间：2021 年 6 月第1次印刷
责任编辑：杜丙旭 关木子
封面设计：关木子
版式设计：关木子
责任校对：韩欣桐
书 号：ISBN 978-7-5591-2057-1
定 价：160.00 元
联系电话：024-23280070
邮购热线：024-23284502
E-mail: designmedia@foxmail.com
http://www.lnkj.com.cn

INSPIRAL

宝仕奥莎标志性设计

PRECIOSA

PRECIOSALIGHTING.COM

中国：
全球设计的交会点？

多年来，IFDM一直在突出强调中国设计发挥出的惊人作用。随着得到公众和个人越来越多的支持，中国设计越来越富有创意，而这些敢为人先的客户往往富有远见卓识。

这是属于中国的设计新时代，而且它对世界其他地区的建筑流派影响很大，西方项目中越来越多地开始融入中国文化。

在本书的顾客观点（White Box)中，你会发现许多人对这种趋势的真知灼见：谭卓（Zhuo Tan）谈到多重灵感的碰撞和焕发，Jessica Ma谈到消费者的审美力以及谦逊和开放的设计思维，而Kelly Hoppen强调今天的东西方融合是一种温和但却是具有实质性的互动形式。在现行的文化融合、经济调整、疫情泛滥和变化的社会体系下，中国已经不再是一块要被征服的土地或中间地带，它对设计的理解飞速发展，令人目眩，同时，它的区域辽阔，表达特别，因此在建筑和室内空间设计领域的身份辨识度越来越高。如今，中国可谓是真正的灵感源泉。

本书融合了不同的设计理念，追求一种极致的但并非一定和经济价值挂钩的美，它涉猎世界各地的建筑设计，把天南地北的设计师和开发者聚集于此，这本身就是美丽和简约并存的奇迹。

阅读愉快！

PAOLO BLEVE
主编 Editor-in-Chief

全球互联网时代和经济发展的变化，在这10年中，明显感觉到国际化的设计思维在设计行业中的呈现，不论是国外还是中国，自信、包容、谦逊、开放、融合等，在空间的作品中越来越凸显。全球设计师的创新力不断在变化，消费者的审美力在提升，需求越来越多样化。同时，行业越来越公平，只要在今天能打造出一个与众不同的作品，一定有发展潜力，而且是快速的发展。中国室内设计师，10年的进步程度和市场的回报，估计连设计师本人都难以置信，这与中国的经济发展速度息息相关。

JESSICA MA
设计腕儿创办人
兼主编

在亚洲工作过很多年，经历过很多美好的事物。我热爱美学，并把它和我的标志性风格相结合。很高兴看到我创造的品牌标识不仅有效而且受人喜爱。在疫情开始后，我接手设计更多的作品，特别是国际作品。封闭期的工作速度和需求简直令人难以置信，但我们喜欢这样，因为我们只是在不同的国家雇佣了更多的员工，而且，我们能够24小时不间断工作，也是一种美妙。设计行业正在蓬勃发展，然而，对设计的要求总是在不断变化，但不管怎样，我喜欢迎接这种挑战。在设计方面，因为我周游东方并曾在全球旅行，所以"当西方遇见东方"成了我的标志性设计美学，也是我的设计哲学。东方与西方的融合是一种美学，是西方线条和形状的圆润、简单但又奢华与东方的质感、深度和丰富性的深度融合，进而创造出真正意义上的具有当代特点的外观。我超爱各种纹理，或许这就是我的魔力所在，我也喜欢去探索发现新事物。

KELLY HOPPEN
大英帝国司令勋章获得者，
英国室内设计师、产品设计师

近年来，中国建筑、室内、产品设计领域正呈现前所未见的蓬勃发展态势，多元灵感在此碰撞，焕发新生：我们不仅看见传统审美与潮流交错而生的五感体验极大程度上获得Gen Z强烈的认同感，更见证了在后现代主义被推至极致之后，新国潮大胆解构传统，并重构充满错位感的审美趣味。与此同时，中国设计师深谙温故而知新之道，在深度解读、挖掘传统工艺的文化与艺术价值的同时，抱持虚心开放的态度面向世界，借助新科技、新材料、新制造方法，融汇东西，贯通古今，为设计作品打上独特的"中国印记"。这是当下中国设计正在世界舞台上大放异彩的重要原因。

ZHUO TAN
设计上海、设计中国北京、设计深圳展会总监

THE ITALIAN
SENSE
OF BEAUTY

60 YEARS *together*

MIA
by CARLO CRACCO

KITCHENS, LIVING AND BATHROOMS

SCAVOLINI™

Davide Francone
Area Manager China
+86 182-2148-1559
davide.francone@dafra.eu

SUMO.
WWW.LIVINGDIVANI.IT

LIVING
D I V A N I

色彩趋势越来越以人为中心

在ColorWorks™设计与技术中心所进行的分析中，色彩趋势越来越受人为因素的影响，
进而主导当前的全球创新并主导代表创新的色彩。

毫无疑问，ColorWorks™对色彩趋势进行的研究一直跨越地理边界并借鉴社会各阶层出现的不同创新和变化，从而影响消费者对色彩的反应。当然，这也是因为这项研究的专家来自五湖四海（巴西圣保罗、美国芝加哥、意大利梅拉泰和新加坡是ColorWorks™设计中心所在地）。这项新兴运动聚焦四大类母色彩，并细分为每类5种，共计20种子色彩。然而，2021年的疫情造成了趋势和感觉的大一统，全球各个市场的主题颇为共性。反映这些趋势的颜色以温暖的、平和心境的黄色为基调，这不仅可以反应人性，而且具有谨慎乐观的感觉，进而影响整个世界。今年发布的ColorForward™ 2022揭示了未来一年的色彩趋势，而在上一版中，该公司已经成功预见2021年的色彩将是围绕人类，以人和人之间的关系和情感为中心的红色。光域化（Glowcalization）、按需护理（Care on Demand）、新工作城市（New Work City）和意象化（Imago）是宏观趋势，分别反映了离域化、医疗2.0、新混合工作模式和反思互动的价值。在ColorForward™ 欧洲、中东、非洲地区资深设计师和团队负责人朱迪斯·范弗利特（Judith van Vliet）的独家指导下，我们将在春/夏版和秋/冬版中对此进行分别解析。

· · · · · · · ·
作者 *Author: Veronica Orsi*

审美
Aesthetics

Bye-bye Pills

δυαδικότητα

The Pink Pamper

Dr. Preneur

81G FOUR 411

第一期 FIRST STORY. 按需护理

医疗体系是最近一段时间（也将是未来一段时间）最具争议的主题之一。它可谓全球关注的问题，涉及对流行病如何反应、创新如何发挥作用以及可能出现的问题。因此，它已成为ColorWorks™研究2022年趋势的焦点。从目前看，所有国家的卫生体系都证明是比较脆弱的。科技正在努力弥补机构和人力的不足。世界卫生组织的一项研究表明，到2030年，将需要1400万名医护工作者。远程医疗正在迅猛发展。来自美国保险公司的研究表明，远程医疗的数量从2019年6月的50万增加到2020年6月的1600万。而人工智能在筛选、测试追踪、快速诊断和实验室药物研发方面的应用越来越多。数字治疗也是其中的一部分：除了数字药物或通过移动技术提供的治疗外，还有第一批用3D打印技术制作的复合药物（一剂中聚合多种药物）的实验。甚至虚拟现实也正稳步进入医疗保健领域。它在支持身体护理者（哈佛大学的一项研究表明，使用虚拟现实进行的手术可以提高230%的效率）和患者（虚拟现实已被有效地应用于治疗分娩期间的疼痛和患者术后阶段的恢复）方面成果显著。然而，使用技术支持（而不是替代）人类干预护理和加强医疗保健系统整体方面具有一个共同的路径。反映这些趋势的颜色从偏蓝色的Bye-bye Pills（即数字药丸和3D药丸的色调）开始；然后转移到黄色（包含珍珠蓝）的δυαδικότητα（Dyadikotita，来自希腊语"二元性"），代表以人为中心的护理和这个趋势的技术层面；其次是被称为The Pink Pamper的粉色，其柔和的色调传达了整个系统的舒适感、关怀度和同情心；Dr. Preneur呈现的是透明的绿色，强调了医生将经验与技术创新相结合的雄心；最后是81G FOUR 411。这并非代码，而是一种颜色，它与大型科技公司（Big Tech）及其不断参与的医疗保健活动紧密相联，呈现出象征技术和信任的闪烁蓝色。

第二期 SECOND STORY. 光域化

史无前例发生在全球范围内的事件已经开始让人们关注全球供应链和单一全球经济的脆弱性。Blockiwi:让人垂涎欲滴的猕猴桃绿表明通过区块链技术追踪食物的重要性。此外，这种黄绿色是用获得可堆肥塑料认证的生物塑料制成的！Local Pride:这种滑石粉填充亮粉色代表了再次兴起的地方主义和支持所在社区地方品牌的自豪感。那如何验证产品是本地生产的呢？当然是扫描二维码喽。Rusty Express: 这种锈橙色表示全球供应链面临的压力。具有很强抗素流能力的芯片聚合物进一步突出了从全球效率向局部弹性的变化。World Wild Web: 这种色彩象征着分裂网中的金属牛仔蓝。在分裂网中，各国越来越追求各种形式的互联网主权，进而创造真正的狂热的网络。You say potato, I say vodka: 是凯伦·米勒在情景喜剧《威尔与格蕾丝》中一句名言。初级商品和必需品因人而异，因此使用温暖的米色进行呈现。这种特殊的颜色是在消费后回收的聚合物上产生的。

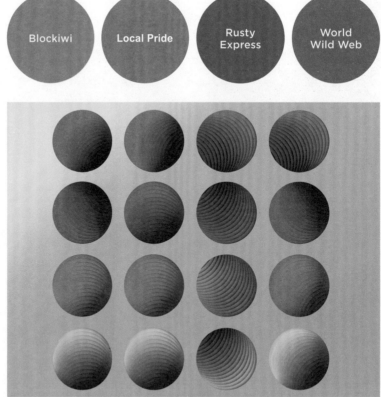

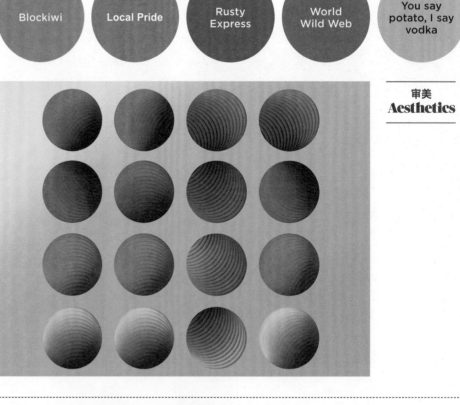

Blockiwi　Local Pride　Rusty Express　World Wild Web　You say potato, I say vodka

审美
Aesthetics

 Zest-Fully-Me

 Cheek to Cheek
 Intan
 Full Dive
 Soul Search

审美
Aesthetics

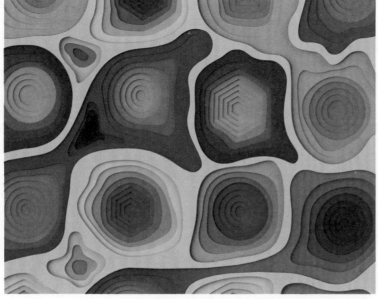

第三期 THIRD STORY. 意象化

对大多数人来说，触摸是代表信任和连通性的基本的人际交往，是社交圈的中心。Zest-Fully-Me:这是一种甜美柔和的偏红黄色，散发着乐观的光芒，恰似隧道尽头的一道光。热情的色彩激发创造力，鼓励我们发掘隐藏的才能。Cheek to Cheek: 甜蜜温馨的珊瑚粉表达我们对真正的人和人之间接触的渴望。人和人之间相互接触对于我们每个人的真正的成长至关重要。Intan:在印尼语中的意思是毛坯钻石，反映了我们经过一段时间磨合后对自己的改造。像所有宝石一样，我们需要打磨才能发光。透明晶片上的金色闪光代表新生的自我。Full Dive:具有红色珠光效果的透明紫表明在虚拟无接触环境中喘息的机会。Full Dive导航平台将虚拟现实技术推向不再是仅仅局限于沉浸式耳机之中的程度，而是让用户与机器合二为一。Soul Search: 反省的时间让我们踏上真挚的自我反省（Soul Search）的旅程。多斑点棕色反映了个体不同的价值观。

第四期 FOURTH STORY. 新工作城市

过去一年让我们发现"智慧工作"概念的真正含义。疫情导致我们的工作方式、工作发生的空间和所涉及的工具产生范式转变。这不是一场革命，而是加速进化。在美国，居家工作并非常态：但现在有42%的劳动力居家工作。英国的这一比例在过去一年之内翻了一番多，从18%增至37%。2020年在美国进行的一项调查显示，55%的员工更愿意在整个职业生涯中从事远程工作：脸书和西门子等跨国公司可能很快就会让这种可能性变为现实。全世界的员工都乐于适应远距离工作，因为它具有很强的灵活性。这也包括在城市以外的地方工作，从而与大自然产生更密切的接触。虽然类似伦敦这样的大城市由于办公楼的关闭导致商业服务部门损失50%～60%的日常收入，但据报道，当地郊区经济出现了更为积极的数字，大空间和工业园区以及绿色环境对新建筑和工人颇具吸引力。建筑设计师或多或少都在直接或是间接地加强人与自然的关系，亲生命性设计变得越来越重要。设计界面临的另一个挑战是空间和产品的模块化，无论是居家还是在办公室，工作场所都要更符合功能性和社会距离的新需求。那么，"官方"工作空间注定会消失吗？绝对不是。今后对新工作方法的反应将是一种混合模式，灵活地将家庭和办公室混合在一起。那么可以选择什么颜色来解释这个趋势呢？是略带黄色的"雄心勃勃"的红色，因此被称为Guarda come sgomito（灵活空间）。Home Tree Home是龙舌兰绿（偏向蓝），反映自由的主题、家庭办公模式的灵活性以及亲生命性设计。公司蓝Surf'n'Suit带有表现更强烈同理心的红色和在早上体育锻炼后穿在身上的西服的灰色；Anywhere goes!是略带荧光的黄色，这是一种重新焕发创造力的颜色，是由将承担城市重建中心任务的城市规划者的色彩。最后是Sharon ... you are on mute ...略呈灰色的闪光丁香紫，既富有技术性，又代表在工作日发生的远程会议。

Guarda come sgomito

Home Tree Home

审美 **Aesthetics**

Surf'n'Suit

Anywhere goes!

Sharon ... you are on mute ...

跨界

非典型、无框、逆传统、远离行业的经典定义：与Gekko Group创始人**Micky Rosen**和**Alex Urseanu**的对话深刻阐释了企业家和开发商的双重身份代表着快乐和积极向上的意味。

从街头到会议室的转变可谓自下而上的挑战。这种形象为Micky Rosen和Alex Urseanu的职业生涯定下了基调。两人联手成立了Gekko Group，从而为地产业增添了新的篇章。他们两人拥有一种不同寻常的方法，一种基于"生产乐趣"的工作哲学，去建造那些在设计图纸上就足以引人注意的东西。从餐馆到酒店的转变绝不是简单或平庸的事，但他们的想法非常明确，事实上，Roomers酒店一经上市，就引起轩然大波。Gekko Group的项目从来不是一条单行道。集团将奢华的概念与其他的态度交织在一起，进而从咄咄逼人跨向柔和：无忧无虑和发明的乐趣始终是取得辉煌、获得成效的基石。

作者: Matteo De Bartolomeis
肖像图片/项目图片: 版权归Gekko Group所有

对餐厅的热情一直是你们两人的共同属性。但你们是如何从餐厅老板华丽转身成了开发商？

我们一直心仪美食和特别的实实在在的概念。酒店是我们DNA的基本组成部分；我们打小就学会了如何服务。然而，我们从来没有一个成熟的成功计划。我们的许多决定都是凭借直觉做出的。我们一直想让人们感到快乐，这总是促使我们拥有新想法。

在你们看来，"生命中不能承受之轻"能让人更能承受吗？

对我们来说，生命的轻盈绝对是可以承受的。对生命的热爱和分享生命的热情就是我们的哲学。生命的轻盈意味着我们要从社会束缚中解放出来，做我们所钟爱的事，做对我们真正有益的事。然后，只要一点点的运气，事情都会自然向前并把我们带到属于我们的地方。我们活着就是为了个人的相遇、交流、享受和分享生活的乐趣。

Micky是100%的法兰克福人，而Alex接触过各种文化：是什么让你们两位联手的？

我们有相同的背景，都来自服务业，白手起家，一路打拼，一路奋进。我们都在法兰克福长大，从小就相互认识。但直到我们完成学业后，我们的道路才再次相交。我们很快意识到我们拥有相似的生活方式和思维方式。让人快乐是我们共同的动力。

在酒店的职业生涯：让我们从布里斯托尔（Bristol）酒店开始吧，那是一次成功的赌博，尽管那次赌博在一开始就受到各种冷嘲热讽。酒店位于车站附近，周围的街区完全不在点上。请问这个想法是怎么产生的？为什么偏偏选中那个地方呢？

现在的布里斯托尔酒店位于法兰克福中央火车站区域的一角，最初可谓相当破旧。但我们一直渴望而且乐于在沉闷的地产界趟水，愿意在不好的位置上把疯狂的人聚集在一起。这种想法在我们心中由来已久。我们给布里斯托尔酒店的定位是填补法兰克福的空白，打造一个具有个体风格、具有安静的让人感觉良好的氛围并且还有专业规模的独立酒店。当然，质量和服务是我们的首选。酒店位于法兰克福中央火车站和法兰克福贸易博览会中间的位置，很有人气。在这家酒店还在营业的时候，我们就一步步地对它进行翻新。开业后不久，我们就把第一笔收入进行重新投资，推出布里斯托尔酒吧。这时突然出现了炒作。中央火车站Bahnhofsviertel附近的位置变得既令人厌恶又极具吸引力，换句话说，这里富有怪异的美丽。今天，Bahnhofsviertel成了法兰克福最热门的地区之一。

柏林Provocateur酒店

Roomers酒店很快成为酒店业的一个标杆：请问这个概念是如何开始的？它又是如何发展起来的？

Roomers酒店不仅仅是酒店的概念。它是激发想象力和激发创造力的地方。当我们在法兰克福规划第一家Roomers酒店时，我们畅想能够创造一个重新定义奢华、具有独特个性的酒店，在舒适性、服务和质量方面达到新的标准。不仅是房间和套房，而且水疗中心的景观也极具创新性，尤其是酒店内餐厅和酒吧的美食，更是拥有自己特有的新标准。对我们来说，美食永远是酒店的核心和灵魂。在这里，人们每天都能感受到生活的焕然一新。与此同时，我们在巴登-符腾堡州的巴登-巴登（Baden-Baden）和慕尼黑开设更多的Roomers酒店，2022年底在法兰克福还会开一家酒店。今天，我们的客人不再前往XY等目的地进行体验——不，他们只需要前往Roomers酒店就可以。每个Roomers酒店都是独一无二的，有它自己的样子，有它自己的氛围。每家酒店都是为其所处的城市量身打造的，并且反映当地人的生活态度。但所有的酒店又通过一条线串在一起。它们令人兴奋、让人享受、充满性感、富有感性、富丽豪华、魅力四射。Roomers酒店要提供各种各样的享受和放纵。所有的Roomers酒店代表的都是对生活的热爱以及与世界分享的热情。

法兰克福Chicago Williams餐厅
法兰克福Bristol酒店

法兰克福*Roomers*酒店
慕尼黑*Roomers*酒店

巴登-巴登Roomers酒店

登陆Roomers酒店主页，我们首先会看到一个冲击性的问题，"饼干还是伏特加？"：这是不是一张名片，向客人昭示在里面会发现什么？

一杯伏特加或者一个微笑也许并不能够提供多少帮助，但它永远不会伤害谁。我们的思想和行为没有那么经典，我们只是想让客人觉得更古怪，更加反传统，我们只想让人们快乐。只要眨眨眼就能做到，何乐而不为呢？我们给客人提供了无拘束的空间，我们在卫生、食物、饮料方面有极高的标准。换言之，酒店拥有全方位的高标准高质量。

酒店业是受新冠肺炎影响最严重的行业之一。您对此有什么看法？您都设想了什么样的场景？

我们正面临一个前所未有的大变局。这是我们团队经历的最具挑战性的时刻。人是不确定的。我们的工作是要减轻客人的焦虑，这一点比以往任何时候都更明显。当然，在疫情发生之前，我们的酒店已经包含了强制性的卫生和安全概念，这对我们来说是理所当然的事情，而不是单纯的营销概念。我们在酒店的预订、重订、取消等方面具有最大的灵活性。然而，我们无法影响整个局势，所以我们目前是边走边看，并

对与疫情有关的变化做出快速反应。我们的公司结构具有高度的灵活性、敏捷性和创造性，这无疑是我们的竞争优势。不管接下来会发生什么，我们的团队始终代表着情感和体验，我们将保持这种DNA，或者更确切地说，把它放在最显著的位置，特别是在危机时期更要如此，因为这可是我们用来说服客户的东西。

给我们谈谈未来的项目吧？

2022年底在我们的家乡法兰克福将会开放第二家Roomers酒店Roomers Park View，这是Roomers系列中拥有自己风格标志的酒店，由意大利著名设计师皮埃尔·里梭尼（Piero Lissoni）操刀的室内设计一定会树立行业新标准。当然，新餐厅和Roomers Bar酒吧仍将成为酒店活力的见证。酒吧位于西区19层。我们还想很快推出moriki日料外卖店。当然，我们希望与Gekko House品牌酒店一起成长。我们总是乐于接受新产品。但我们不是不择手段地扩张；房地产必须符合地产概念。所以未来还是让人相当兴奋的。

绝世妙手叠加维多利亚时代的回忆

威望酒店（**Prestige Hotel**）采用当代手法表现维多利亚式设计的精巧，并将视觉错觉作为其项目的关键元素，为客人创造令人愉悦的空间和难忘的体验。威望酒店由新加坡Ministry of Design建筑师事务所设计创建，现已成为Design Hotels™设计酒店的新会员。

酒店坐落在乔治城（George Town）中心一座19世纪英式建筑中，茂盛的热带植被，带您进入恍若殖民时代的世界，Ministry of Design建筑师事务所的高明设计，时尚又神奇。酒店名称取自19世纪末伦敦一部关于魔术师、戏剧和科幻小说世界的心理惊悚片，它采用一种基于"光学幻觉"的方案，以新颖的方式讲述维多利亚时代的审美观，结合带有典故意味的植物粉彩家具以及热带植物印花和柳条藤家具，在奇妙的空间叙事中转换映像。又长又窄的酒店走廊本会令人感觉乏味，但无处不在的微妙的视觉刺激设计让客人体验非凡。倾斜的装饰使传统的墙面更加抽象，充满活力。而以规则间隔放置的机械化灯具，在墙面上投下格子状的精致光影，在走廊的单色墙壁上造成视觉错觉。

地面白色瓷砖镶嵌黑色马赛克，看上去时隐时现。设计把一楼的接待区、玻璃屋餐厅和其他商店打造成相对独立的空间，与历史悠久的英国购物通道模式保持一致。在圆形接待区，带镜子的定制接待台看似有镀铬球体支撑，神奇而平衡。客人经过绘有黑色迷宫而且中心带酒店标志黄铜球体的白色大理石地板后到达接待区。弯曲的后墙由云状镶板装饰，富有想象力。电梯内金属墙上的雕刻非同寻常，带有槟城标志性建筑的轮廓和以维多利亚时代壁纸风格描绘的当地的植物元素，由于反射面的作用，会在四周产生德罗斯特效应。明亮的玻璃屋餐厅是门廊的支点，这是个提供一日三餐令人愉快的室内花园。靠垫的热带主题和森林绿色皮革与白色柳条椅以及装饰窗户和墙壁的网状结构协调自然。餐厅同样具有非同一般的视觉效

果：镜子传达出双重空间的印象，地板则类似埃舍尔立方体的轴测错觉，让人惊叹不已。位于不同楼层的162间客房共分为4种豪华类型，客房走廊使用明暗交替的配色方案。虽然客房奢华，但别具匠心的选材，又体现出十足的个性化。大理石表面、抛光黄铜和内置照明化妆镜的灵感来自维多利亚时代的精心设计，但设计师采用现代化的角度和形式制造了光学错觉。浴室、门柱和家具的镀铬和黄铜陈设，白色木材，带梯形浮雕图案的现代镶板，华贵典雅。位于床下方的特殊照明让床垫看似飘浮在空中，由玻璃和青铜色金属制成的衣柜透明简洁，仿佛魔术大师霍迪尼为自己设置的陷阱，同时让客人置身于魔法世界。

开发人员 Developer: Tommy Koay,
Public Packages Holdings Berhad
酒店运营商 Hotel operator: Design Hotels™
建筑设计 Architecture: KL Wong architect
室内设计 Interior design: Ministry of Design
装饰 Furnishings: Kian Interiors, Qbrid Dsignhaus;
Custom furniture: Pena Builders, Samson Hospitality
地板 Flooring: Boon Seng Timber Flooring,
China EC Stone Art, Equipe Ceramicas,
GNG Distributors, Goodwood Builders, Greenscape,
Lam Ah Marble, Kimgres Marketing,
Niro Ceramic Group, Royal Thai Carpets
灯光 Lighting: Light Craft, Pena Builders
浴室 Bathrooms: Kohler
织物 Fabrics: Acacia, Duralee, Hunter Douglas,
Innovasia, Sunbrella, Tatum Malaysia
软垫面板 Upholstered panels: Hufcor Maroshumi
定制印刷墙纸 Custom printed wallcovering: PPAsia
· · · · · · · ·
作者 Author: Antonella Mazzola
图片版权 Photo credits: courtesy of Ministry of Design

光明寓所

迈阿密海滨的豪华住宅建筑**Arte**推崇的是地中海式的生活，因此，享受户外乐趣，聆听大海之音，感受海的气息等就成为该住宅区的主题要素。该项目由意大利久负盛名的Antonio Citterio Patricia Viel建筑师事务所和美国Kobi Karp Architecture and Interior Design公司合作完成。

室外阳光明媚，在迈阿密海滩北部延伸部分的Surfside海滨投下的倒影，让人惊叹不已。室内光线充足，富有远见的设计让人赞不绝口。Arte海滨公寓由跨学科工作室Antonio Citterio Patricia Viel建筑师事务所与Kobi Karp Architecture and Interior Design公司合作设计。这座飘浮轻盈的建筑位于Collins

Avenue街和Atlantic Way路之间，以一条东西中轴线为中心横向延伸。建筑呈抽象的塔状，随着高度而逐渐向内缩进。向外凸出的露台在表达户外生活美感的同时，又扩大空间，让光线肆意投入16间公寓；金字塔式排列的平台使建筑化身为城市结构的有机组成部分，而缩进式设计优雅大气。设计师Patricia Viel声称他们创造的"建筑强调城市环境和海滩之间的特殊关系，在迈阿密很少有人能够做到这一点"。透过宽大的滑动玻璃门和栅格状青铜旭格（Schüco）门窗系统，业主可以从室内尽情欣赏美丽的海景。房间的设计精致优雅，不落俗套。室内外广泛使用的具有丰富纹理的暖色调石灰华，随处可见的青铜点缀、木材、石头和玻璃，构成复杂的精细材料结合体。设计师Antonio Citterio说："室内设计合理，并可以最大限度地发挥功能，充满欧式韵味。"设计充分考量了公共区域和卧室之间的私密性，同时审慎考虑了如何利用自然光并保留海景等因素。宽度为28厘米的欧洲白橡木地板与青铜框架相得益彰，和著名的巴西Ipè木质露台融为一体。悬浮式中岛是厨房的中心特色，配备灰白色Poliform橡木橱柜和带青铜装

所有者/开发人员 Owner & Developer: Sapir Corp
总承办商 Main Contractor: AMJV
建筑设计/室内设计 Architecture & Interior design:
Antonio Citterio Patricia Viel, Joseph Montaleone
(Partner-in-Charge)
执行建筑师 Executive architect:
Kobi Karp Architecture and Interior Design
照明设计 Lighting design: Lightchitects Studio
景观设计 Landscape design: ENEA
装饰 Furnishings: B&B Italia, Visionnaire
厨房 Kitchens: Poliform, Gaggenau
浴室 Bathrooms: Axor, EDM
门窗 Doors and windows: Shüco
外观 Façade: GM&P
· · · · · · · ·
作者 Author: Manuela Di Mari
图片版权 Photo credits: Kris Tamburello

饰的白色大理石台面以及德国嘉格纳（Gaggenau）电器，包括全高雪柜。主浴室仿佛水疗中心，拥有手工雕刻的雕塑浴缸、橡木和大理石家具、玻璃淋浴、石灰华地板和墙壁。除此之外，健身中心包括长23米的室内游泳池、桑拿房、蒸汽房、冥想池和双层瀑布，恰似度假胜地。整个设计还包括室外泳池、屋顶网球场和俱乐部会所等健身和娱乐场所。优雅的建筑，各个方面的辨识度很高。视野开阔的大堂配备Antonio Citterio设计的意大利B&B Italia品牌家具，而丹麦艺术家奥拉维尔·埃利亚松（Olafur Eliasson）的作品Polychromatic Chronology（2016年）则位于大堂中心位置。

城市的内部

B+P Architetti建筑师事务所对位于阿尔塔穆拉（Altamura）的**Braná1915**精品店的改造，成功地把零售空间转变为城市本身的有机组成部分。

意大利巴里省阿尔塔穆拉的Braná1915精品店共2层，面积318平方米。整个空间改造受形而上学画派创始人之一乔治·德·基里科（Giorgio de Chirico）的"Piazze d'Italia"概念启发，由Alessia Bettazzi和Pierluigi Percoco两位设计师联袂设计。面向城市开放的店铺就像是城市空间的延续。在艺术家绘画作品中反复出现的拱形结构在本案中表现突出。如基里科本人所言，这是"一个永恒礼物的隐喻，结合了具体与抽象、充实与空虚、室内室外互换以及光影投射的元素"。在包含女性收藏品的一楼，门廊是由两个整体艺术品构成的中心区域，之上为一个立方体和一个球体，陪同游客在想象中的广场上漫步。这为顾客提供了一种关注公共空间文化生活动态背景的全新购物体验。除了中央拱门内侧的Oikos金色涂料，白色调的广泛应用为服装增强了戏剧效果。侧墙的两种不同图案是设计师的专门设计。一种图案突出了拱廊的深度，另一种作为柔软的窗帘赋予大门更强的动感。地下室设计虽然并不十分激进，但仍然很好反映出两位

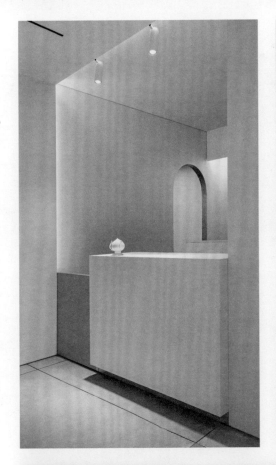

所有者 Owner: Branà1915
建筑设计/技术照明设计/监理
Architectural design, technical lighting design,
supervision: B+P Architetti/Alessia Bettazzi
and Pierluigi Percoco
装饰 Furnishings: custom items by B+P Architetti
墙壁 Walls: Oikos

· · · · · · · ·

作者 Author: Manuela Di Mari
图片版权 Photo credits: Pierangelo Laterza

设计师的理念，似乎不受地心引力限制的楼梯，令人叹为观止。男装被放置在抛光钢制成的固定装置上，这些装置从中心柱向外伸展，就像旋转木马一样，美轮美奂。现有的玻璃窗周围都被改造成大窗户，从中可见繁茂的热带花园。这是个虚幻的自然空间，希望它能让我们的城市重新繁衍生息。照明是值得大书特书的一个方面。由B+P Architetti建筑师事务所设计开发的照明设施有助于顾客正确感知整个建筑空间。照明不仅对产品进行了很好展示，又避免百货公司常见的漫射平面照明效果。光线被引导到桌子中央岛、沿着悬挂着商品的侧壁以及中央门户等需要照明的地方。

阴阳平衡

完美的现代，浓厚的历史，位于北京故宫附近的璞瑄（**The Puxuan**）温泉酒店融合两种对立的美学，和谐自然。

璞瑄温泉酒店是历史风华的守护者，又是现代都市的瑰宝。酒店由奥雷·舍人（Ole Scheeren）设计，简洁的建筑与古老的北京故宫之间演绎着和谐的平衡，把不可能化为可能，用当代风格叙事历史过往。虽然新建筑上下两个体量的材料和形式不同，但在中间部位的连接自然过渡。底部的像素化体量巧妙参考了历史城市结构，呼应了老北京胡同的纹理、颜色和规模。这里既是中国最古老的拍卖行嘉德艺术中心，也发挥酒店的部分功能。上部半透明的玻璃砖部分包括酒店综合

所有者 Owner: Chen Dongsheng
开发人员 Developer: China Guardian
总承办商 Main Contractor: Zhejiang Yasha
Construction Company
酒店运营商 Hotel operator: Urban Resort Concepts
建筑设计 Architecture: Büro Ole Scheeren
室内设计 Interior design: MQ studio
照明设计 Lighting design: The Flaming Beacon
装饰 Furnishings: Cola Ma, Driade, Kettal, Maxalto,
Shang Xia; on design by MQ studio

· · · · · · · · ·

作者 Author: Manuela Di Mari
图片版权 Photo credits: Zhu Hai, Jiao Yang

体、客房和水疗中心，反映了首都的创新精神。与中式建筑的联系体现在分层的空间构成中，形成一系列内部嵌套的庭院，位于门槛处表明主人社会地位的门墩运用了古式的青铜板而不是石头。总部位于上海的MQ工作室以同样的手法进行室内设计，优雅的居住空间历史感厚重。庭院大堂装饰着"上下"的手工设计作品，简简单单，地板是手工打磨的来自苏州的烧制黏土砖，与附近故宫的土砖殊无二致；电梯的灰色织物面板反映了胡同的图案，而借助多媒体手法，将四周街景以黑白影像的形式呈现在天花板上，就像上演一出皮影戏，十分有趣。在三楼"富春居"餐厅，座位的上方是代表中国传统艺术的云朵模型，天花板是手工打造的琥珀色"北京梳璃"制品。对应的用餐空间是二楼的"左岸"，公共区域布置的是Kettal户外家具，包括意大利米兰设计师Rodolfo Dordoni设计的Boma座椅、丹麦设计师Nanna&Jorgen Ditzel夫妇设计的Basket沙发椅和伦敦设计师Jasper Morrison设计的Village折叠椅。116间客房分布在4层，再现了典型住宅的相互作用，既有隐私又有沟通。两层楼高的水疗中心"遥水疗"虽然不区分男女，但更倾向于男性化的品位，室内设计理念启迪自奢华游艇和汽车，竹炭纤维、树节、合金以及羊皮材质的广泛使用，奢华而优雅。

限制因素，
打造风格

位于阿姆斯特丹的卡尔·拉格斐（**Karl Lager-feld**）新总部融合了创新、互动和历史。该建筑完全由Framework Studio工作室设计。

"**风**格就是对一系列因素的限制。"这是Framework Studio的设计师们在阿姆斯特丹创建卡尔·拉格斐新总部的重要信条。该总部与巴黎Rue Saint Guillaume街的品牌核心和灵魂有机结合。共同完成任务的Millten公司专门对房地产开发"量体裁衣"，注重空间的历史整体性。拉格斐亲自选择并在建造期间参观过的建筑（拉格斐在2019年去世，因而未能目睹新总部的开业）是位于运河中间的国家纪念馆，始建于1615年，并曾于1772年以路易十六的风格进行翻修，曾被用于银行、孤儿院、大学等各种用途。设计面临的挑战是如何在不丧失原有价值的前提下，将5层2300平方米的像"皇家公寓"的穹顶建筑改造成创新的当代工作场所。最重要的是要彰显品牌身份。原有的建筑特征，比如立

所有者 Owner: Karl Lagerfeld
开发人员 Developer: Millten Amsterdam
建筑设计/室内设计 Architecture & Interior design:
Framework Studio
装饰 Furnishings: custom made by Francesca Finotti/
Framework Studio; Dirk van der Kooij, Fest, Jarno
Kooijman, Lensvelt, Morentz, Tacchini, Vitra, &Tradition
灯光 Lighting: custom made by Dirk van der Kooij;
Dwc Editions, Kaia Lighting, Kreon, Nemo,
Sammode Studio, &Tradition
艺术品 Artwork: Endless
地毯 Carpet: Flexform Amsterdam
窗帘 Curtains: Pierre Frey

. . . .

作者 Author: Manuela Di Mari
图片版权 Photo credits: Kasia Gatkowska

面、大理石、地板、装饰等都保持不变，但同时又重新定义办公空间的概念，强调创造性工作并保证灵活的非正式社区的功能。舞厅在政府机构古迹考古局的监督下复原，现在充满活力，可供避逅、活动、时装表演或用作简单的等候室，影响力巨大。在这里，Framework Studio工作室为这一场合设计的更为现代的家具，以及善于利用回收塑料进行创作的荷兰设计师Dirk van der Kooij设计的巨型吊灯，与新古典主义风格完美结合。为了创造随机相遇的机会，设计师对上层的中央走廊进行了改造，在现有走廊前面修建了一堵墙，使其成为可以就座的休闲区及高工作台。这些层次包含了各种

创造性的部分，颜色的使用被限制到最低限度，这是因为时装设计团队在开发新产品时需要中性的背景所致。但最重要的建筑干预发生在4楼，那里增加了一个Karl's共同工作空间，将阁楼打开，取而代之的是大玻璃窗和两个大天窗。从这里爬上一个螺旋楼梯，人可进入一个可以360度俯瞰阿姆斯特丹的圆顶。Karl Lagerfeld新总部的最新成就是，它达到了可持续发展的最高水平（A级能源），同时也是阿姆斯特丹运河上第一座零利用天然气的建筑。绝缘材料依赖从植物中提取的材料，因此不含化石来源的成分，而气候控制系统可以有效回收人类和计算机产生的热量。

美国洛杉矶贝弗利山庄 Gardenhouse

这座由MAD建筑师事务所设计的住宅建筑群将自然和社区融合在一个高密度的区域，生动的设计与洛杉矶的群山相得益彰。

作为MAD建筑师事务所在美国的第一座完工项目，Gardenhouse的植物外观颇有创记录的意味。它的名字Gardenhouse似乎印证了这一点。一楼和二楼楼体临街的外墙立面爬满茂盛的多汁植物、攀缘植物和本地藤蔓植物，突出了住宅单元完美的体量和标志性的倾斜屋顶。该住宅区占地面积7800平方米，包括一楼的商铺和分别为2个工作室、8个公寓、3个联排别墅和5个别墅的18种住宅单元。二楼被白色房子包围着的中央庭院是居民的共享空间。这个充满绿意的社交场所，通过对距离、方位和布局的审慎评估，追求

所有者 Owner: Palisades Capital Partners
建筑设计 Architectural design: MAD Architects
(Ma Yansong, Dang Qun, Yosuke Hayano)
室内设计 Interior design: Rottet Studio
室内家具 Interior Furnishings:
Visionnaire (Sky Villas, Row Houses, Garden Flats)
景观设计 Landscape architect: Gruen Associates
·········
作者 Author: Antonella Mazzola
图片版权 Photo credits: Nic Lehoux, Darren Bradley,
Manolo Langis

创建社区的理念，同时为居民提供隐私和安全感。邻里之间私密的平和的互动，只供他们自己分享的"秘密花园"，给人一种住在"小山坡村"的感觉。该项目除了外墙立面采用大量的绿植，并在露台摆放灌木，还密切关注光和水的关系。一楼入口采用向山坡挖洞的方式；阴凉超现实的通道曲径通幽，在广阔的自然光照射下的庭院豁然开朗，凹进的水池中的流水潺潺，流入凸起花园中央的喷泉，仿佛穿越光、影和水声的"仙境"。充满动感的建筑，山形屋顶结构，独具匠心。所有单元的色彩均为白色主色调，采用浅色木材和大理石纹路地板。公寓特有的双高小屋山墙和不规则形状的窗户，颇具特色。

有洞的立方体

迪拜ME酒店位于迪拜Opus城市综合体，是扎哈·哈迪德（Zaha Hadid）唯一一家室内外全案操刀的酒店，酒店探索了实与虚、暗与明、内与外之间的平衡。

这是扎哈·哈迪德（Zaha Hadid）建筑师事务所唯一一家室内外全案操刀的酒店：设计始于2007年，并于2012年至2020年间进行建设，Opus城市综合体是新迪拜ME酒店的所在地，该酒店位于迪拜，毗邻市中心和迪拜运河（Dubai Water Canal）商务港的Burj Khalifa区。Opus城市综合体占地84,300平方米，地上20层，地下7层，设计为两座独立但融合成一个奇异整体的塔楼。100米宽、93米高的立方体形式，探索实与虚、暗与明、内与外之间的平衡。迪拜ME酒店

包括74间客房和19间套房。Opus城市综合体中还具有办公空间、服务式公寓、餐厅、咖啡厅和当代日本炉端烧餐厅Roka以及Maine Land Brasserie餐厅。位于孔洞两侧的两座塔楼由一个4层高的中庭连接，在空中则由离地71米高的桥廊连接，这座3层高的非对称桥宽38米。扎哈·哈迪德建筑师事务所的项目总监克里斯托斯·帕萨斯（Christos Passas）说："Opus城市综合体的玻璃立方体是精确的正交几何结构，它和其中心8层孔洞的流动性形成鲜明对比。"镂空的6000平方米的玻璃幕墙由4300个独立

所有者 Owner: Omniyat Properties
酒店运营商 Hotel operator: Melia Hotels
建筑设计/室内设计 Architecture & Interior design:
Zaha Hadid Architects, Zaha Hadid,
Patrik Schumacher, Christos Passas
设计总监 ZHA Design Director: Christos Passas
当地建筑师 Local Architects: Arex Consultants, BSBG
内部顾问 Interior Consultants: HBA
结构工程师 Structural Engineers: BG&E, Whitbybird
MEP工程师 MEP Engineers: Clarke Samadin
外观工程师 Façade Engineers:
Agnes Koltay Facades, Whitbybird
电梯顾问 Lift Consultants: Adam Scott,
Lerch Bates, Roger Preston Dynamics
照明顾问 Lighting Consultants: DPA, Illuminate,
Isometrix, Tim Downey

· · · · · · · ·

作者 Author: Francesca Gugliotta
图片版权 Photo credits: Laurian Ghinitoiu

的平板、单曲面或双曲面玻璃组成。曲面双层中空玻璃幕墙采用数字3D模型设计，采用紫外线涂层和镜面釉料图案，减少日光的吸收。应用于整个建筑的点式熔块图案设计强调了建筑的正交形式的清晰度，同时，通过不断变化的光反射和透明度消解建筑体量。这是一座每时每刻都在变化的风景建筑：白天，立方体的正面倒映着天空、太阳和周围的城市；晚上，每个玻璃面板内的独立可控LED动态照明装置照亮整个空间。室内设计延续扎哈·哈迪德流畅的设计语言，大堂内采用扎哈·哈迪德设计的家具，如花瓣（Petalinas）沙发和Ottomans吊舱，这些家具采用耐用材料，组件可回收利用，非常环保。卧室配备Opus床，套房内带有书桌和Work&Play组合沙发，以及由哈迪德于2015年为Noken Porcelanosa设计的扎哈Vitae卫浴系列。酒店的可持续性能突出。Opus中的节能传感器可以根据入住情况自动调整通风和照明，而迪拜ME酒店同样遵循这一原则，为入住客人提供不锈钢水瓶，在酒店内同时安装饮水机。客房内没有配备塑料瓶，所有区域实现了完全无塑化。为减少食物浪费，酒店也不提供自助餐，废弃的有机物由堆肥机进行回收。

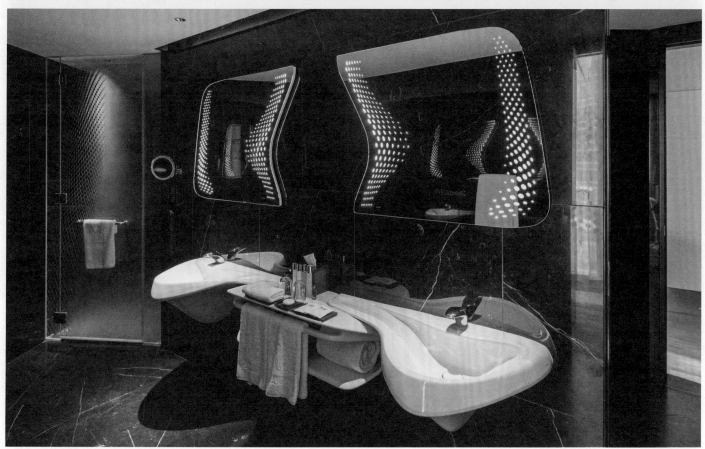

MENU

BEEF CURRY & RICE	8·80	WATER
VEGAN CURRY & RICE	7·80	RAMUNE
CURRY BREAD	3·30	COKE

JAPANESE CURRY LAB

整体空间仿若优化的"实验室"厨房，环境干净而简约。

明亮的梦境与鲜活的农业文化艺术品相映成趣。设计师的创作不仅是在致敬农业系统的创新，也是在使用光"配方"促进农作物的生长。

JUMBO COLLECTION
LUXURIOUS FURNITURE

AN EXCLUSIVE COLLECTION BY JUMBO GROUP

新建博物馆的多个砖拱顶基于传统窑炉形式建造，有着不同的大小、曲率和长度，并与许多遗迹精心整合，体现了新旧文化的融合。

ELEGANCE
is our
ATTITUDE

OPERA
CONTEMPORARY

Aurora 休闲椅和脚凳, Draga & Aurel 设计
operacontemporary.com

酸甜的味道

中西融合，东方神韵。设计复杂，别具匠心。

奥必概念是一家国际知名的建筑与室内设计工作室，由伍仲匡与颜学添于1999年成立，现于中国香港、日本轻井泽、台北和米兰设有办事处。建立伊始它就与四季、文华东方、丽思卡尔顿、瑰丽和W酒店等知名品牌合作，同时也在私人住宅和零售领域有所涉猎，从而以豪华酒店领域的权威和成熟的参与者赢得普遍赞誉。在厦门华尔道夫酒店开业一周年之际，创始人之一伍仲匡先生向我们详细介绍了该项目是如何将过去和现在、亚洲文化和西方建筑形式、装饰发明和国际设计交织在一起的。他解释说他们的工作方法就像"厨师一样，你已经把自己的味蕾训练到了极致，你精确掌握了技能、配料、调味料，你对所有技能和知识都已经极为熟悉，所以你对烹饪也就驾轻就熟。我们从客户或运营商那里了解需求，之后设计就会出自内心，由然而生，而不是煞有介事地去思考如何才能得到它"。

作者: Alessandra Bergamini
肖像图片: Russel Wong
项目图片: courtesy of AB Concept

您能介绍一下你们公司奥必概念的起源吗？它的名字从何而来？

这一直是个有趣的问题。我们公司实际上有个浪漫的故事，还有个真实的故事。我们希望我们所有的项目都能反映在建筑（Architecture）（如你所知，颜学添就是个建筑设计师）和定制概念(Bespoke Concept)之中，这就是奥必概念（AB Concept）公司名称的由来。真实的故事是，当我离开原公司并决定和颜学添创办新公司时，恰好遇到一个需要进行房屋设计的密友，这是我们的第一个项目。为了注册登记，我们必须想出个名字。于是我们联系了一个会计，询问最简单的注册登记的方式是什么。他给我们提供一堆A4纸，上面有各种各样的公司名称。奥必概念就是其中之一。我们觉得这听起来像个设计公司的名字，所以毫不犹豫地做出了选择。

您能讲述下您的教育背景和职业生涯吗？

我是在香港接受的教育，所以我是100%的本土设计师。有趣的是，我的教育是在1997年之前完成的，当时香港仍受英国实行殖民式统治。彼时的香港教育体系深受英国的影响。如果我没记错的话，90%的教授都有英国背景。他们定制的教学大纲中融入了香港的地域特点，在让世人认识亚洲方面发挥着重要的作用。在Design School学习的时候，我便立志要进入酒店设计业，当时只有少数几家主要由海外设计师经营的设计公司。我只发了5份求职信就被当时最著名的一家酒店设计公司录用。

作为我们今天采访的主角，您给我们描述下香港吧！

自从有记忆以来，我就记得香港的节奏非常快，人们走路速率也很快，刚刚你还经过一座具有100年历史的寺庙，几分钟之后你就和一座非常现代的建筑并肩齐首了。这是个具有多元文化的城市，虽然这是个极端的例子，但事实就是如此。有的人可以入住最豪华的酒店，但也有人生活极其简朴。你还可以生活在距离香港南边海滩只有15分钟车程的大都市里。可以说，基本上，所有元素的对立面在这里都是并存的。这座城市的财富高度集中，这为设计师创造了发挥专业特长的机会。这里90%的人口都是中国人，中国是我们城市的根，但教育融入大量的西方元素。

你们与意大利是怎样的一种关系？与意大利制造又是怎样一种关系？你们在项目中选择意大利品牌吗？当然，玻托那福劳（Poltrona Frau）不能算在内。

意大利是我在欧洲唯一的家，我认为它是欧洲中心。自从我做设计师以来，意大利设计一直是我的终极设计灵感。这就是为什么当我需要在欧洲寻找我的家时，我自然就会认为它是意大利，特别是米兰这座城市。意大利制造本身就是个品牌，它是一种感知，是品质与优雅的结合。除了我们的合作伙伴玻托那福劳以外，我们的项目中肯定会使用其他意大利品牌，例如波菲（Boffi）、雅特明特（Artemide）、Ceccotti等。我们也很欣赏许多其他意大利品牌，希望未来能有合作的机会。

近期，你们在米兰拥有了自己的办公场所，这应该是您倡导的"东西融合"理念和方法的最佳表现方式了吧？

我们肯定要运用"东西融合"的方法。如前所述，除了大牌云集，意大利手工技能、设计工艺、材料选择等，都是伟大的灵感的源泉。所有这些都是设计的必备词汇，为了打造高端项目，设计师应该充分利用这些词汇进行设计。

那您的"东西融合"都有哪些具体方法呢？是项目中融入不同的东方文化，还是怎样？

"东西融合"是个非常有趣的描述。许多人会把西方和东方标签化，但即便在欧洲，意大利设计与法国人或斯堪的纳维亚地区的设计也有很大的不同。在亚洲也是如此，日本的设计与泰国或印度尼西亚的设计就有很大的不同。仅仅用一个标签来描述一个设计，就泛化了美丽的多样性，这可不公平。就我个人而言，我选择住在日本，因为这里的侘寂文化和极简主义，不仅在亚洲，而且在全球的设计领域都有很大的影响，这一点让人非常振奋。我们把东西自然地放在一起，而不是刻意编织、刻意融合两种文化。因为当某些东西融入你的味蕾中时，它会不知不觉地塑造你的审美观和方法。有时我并没有意识到自己设计选择这种颜色是因为某种影响，也不会因为我的亚洲血统或因为我想展示东方文化，而刻意去选择这种细节或某种材料。

既然客户不同，文化不同，背景不同，那又如何把不同的文化成功地结合在一起呢？

就像厨师一样，你已经把自己的味蕾训练到了极致，你精确掌握了技能、配料、调味料，你对所有技能和知识都已经极为熟悉，所以你对烹饪也就驾轻就熟。我们从客户或运营商那里了解需求，之后设计就会出自内心，由然而生，而不是煞有介事地去思考如何才能得到它。例如，要得到甜酸的味道的方法很多，你可以用不同的水果、醋、酱汁等打造多种不同的甜酸味道，但你知道，只有一种味道才是最适合表达你想要达到的目标。

中国香港大馆中区警署

下页右上：杭州康莱德酒店里安餐厅
下页右下：莱俪上海旗帜店

以古建筑为例，历史与过去如何和未来达成平衡？您能举个例子吗？

当我们着手改造古建筑项目时，我们会对它的历史和建筑用途进行广泛研究。当我们着手设计时，我们的愿景是创造一个能够继承历史故事的项目，这样才算是成功的案例。我们的设计要让人们感觉到它的存在并不突兀。我们试图探索人们进入古建筑时的想法，人们能够对它过去的样子产生共鸣，但同时又觉得它是当代的，觉得这个设计从第一天伊起就已经存在于这个建筑之中。伦敦三一广场10号伦敦四季酒店的Mei Ume餐厅就是很好的例证，它是一座古典建筑，是一个地标，更确切地说它是1909年的伦敦港务局总部。当我们受托在这样一座欧式建筑内设计餐厅时，既要充分尊重建筑本身的特征，同时又考虑到这里曾是东西方商人交易茶叶、买卖丝绸和交流文化习俗的门户，于是我们提取了一些这座建筑和贸易相关的历史，并把一些材料应用到这座西方遗产大楼之中。我们必须保留建筑中原有的廊柱、整体结构和模塑件等许多结构元素。为了不损坏传统，我们从原始模塑的图案中汲取灵感，并将其融入我们的设计中。入口天花板上原来有个小舷窗，于是我们在餐厅的一些屏幕上均使用这种圆形。我们的设计避免使用聚光灯或其他任何过于现代的物品，这样就保留了它应有的历史感和氛围。

我们聊聊工艺在你们的项目中的价值和作用吧。工艺和当地文化与您的创造力之间有联系吗？

我认为这是必须的。工艺在我们项目所属的特定区域几乎属于基本要素。很多时候，我们都试图从它们之中挖掘灵感，并将我们的愿景同时注入相应的定制产品之中。我们接受当地的文化，并把我们自己的创造力嵌入到这种工艺之中，这样，工艺就不仅属于我们设计师，而且也易于被当地人接受。我们的酒店项目和餐厅设计非常广泛，而且把社区文化在作品中做了很好的归纳。我们的设计都具有本土化特色，而且都不以愉悦游客为第一目的。一个成功的酒店或餐饮项目应始终得到当地社区的支持和认可。这是必不可少的，无论是纺织品，细木工还是木雕，都是如此。

中国的设计元素，宽泛点说东方的设计元素，非常多元。您是如何使用这些元素并赋予它们当代色彩的？

使用装饰元素或艺术实际上有两种方法。一种方法是视觉道具，你将这种装饰元素当作艺术作品或当作一件文化遗产，就像展览那样。另一种方法是了解这些元素并了解它们背后的玄机。就像在纺织品中颜色和图案的组合方式或编织技术，还有比如木雕，我们要理解所使用的技术，要了解这些元素背后的技艺，并会把它提升到一个更高的层次。虽然美可以复制，但达成美的技能可能是多方面或被重新诠释的，你可以使用新配色方案、新比例，或新的应用程序。这是一种更通用的可以保留传统元素的模式。

您曾说"真正的豪华设计必须是隐形的"，请问这是为什么？

奢侈不是货币化产品，而是一种感觉。真正的奢侈品不应该是有形的，它不应该建立在货币价值基础上，它是无法衡量的。相反，你可以花一大笔钱买一块最贵的大理石或纺织品，但这并不一定会让你觉得奢侈。奢侈可没有什么特定的公式。

您说您是在设计"时刻"，这是不是有点"凡尔赛体"？

我不这么认为。我们每天都有24小时，每天都要经历无数时刻，但有多少时刻是我们真正铭记的呢？！你记得昨天、上周甚至10年前的那一刻是什么吗？只有极少数非常特殊的时刻才是真正让人铭记的。如果我们的设计能够让人们意识到这是他们生活经历中极稀缺的特殊时刻，你还认为我们是言过其实吗？

伦敦四季酒店Mei Ume餐厅

下页右上：*厦门华尔道夫酒店*
下页右下：*米兰Paper Moon Giardino餐厅*

大自然在你们的工作和生活中扮演什么样的角色？

即便在两三年前，作为土生土长的香港人，我也还真不能像现在这样说大自然在我们的生活或工作中扮演重要的角色。实际上，我非常珍视在大自然中的时光，这是一种奢侈。对我而言，如果身处大自然，就意味着远离尘嚣，享受时光。自从在日本轻井泽（Karuizawa）生活以来，大自然已经成为我生活的一部分。从早上拉开窗帘到森林里遛狗的那一刻起，到晚上熄灯的那一刻，一年四季每天我都能看到天空、树林、花朵、动物的变化……颜色、层次、构图，所有这些美的基本要素让我惊讶不已。大自然已经成为一个不断变化的无穷的灵感源泉。

您能介绍下你们最近的项目吗？或者介绍下你们正在进行或未来将设计的项目吧。

最近的项目无疑是在2020年12月15日开业的厦门华尔道夫酒店。它将成为厦门的新地标和全新的社交场所。我们主要设计了门房、大堂、磐腾餐厅及一些功能场所等公共空间。2021年，我们准备翻新中国香港四季酒店的大堂和Desination酒吧，并将设计打造葡萄牙阿尔加维的W酒店和私人住宅以及中国哈尔滨丽思卡尔顿酒店的F&B Outlets餐厅。

印度堪舆 (Vastu Shastra) 的教义

House with Poise是印度印多尔市(Indore)附近现代豪华住宅的名字。它由Khushalani Associates建筑师事务所的设计师们严格应用一门古老的建筑科学打造而成。

该豪华住宅位于印度印多尔市郊区的比科利(Bicholi)（类似纽约的Hamptons），是一座约2600平方米的豪华别墅。业主是一位经常出差的很有影响力的商人，具有高雅的国际品位。业主除陈列一份非常精确的当代需求清单外，还特别强调建筑要符合印度堪舆的教义（印度堪舆是一门全面的建筑科学，以传统世界观中的古代戒律为基础，类似风水的概念，对方位的要求极其严格）。在公司创始人Rajiv Khushalani的指导下，孟买Khushalani Associates建筑师事务所的设计师们将这一理念转化为现实，在建筑和室内设计方面实现了功能性和审美性之间的完美统一。设计需要重点考虑干燥的气候，远离海洋的地点和不断变化的极端的气候条件。设计师们应用简单的规则创造出一处合适的微气候建筑。为了控制从全高窗户射入的

建筑设计/室内设计 Architecture & Interior design:
Khushalani Associates
装饰 Furnishings: custom designed by architect &
manufactured by Curiosity Furniture; Aman Khanna,
Bastianelli, Bent Chair, Botti, Defurn, Fendi, Gubi,
Hands, HKS, Jaipur Rugs, KalakaariHaath, Kandy,
Malerba, Minotti, Missoni Home, Poliform,
Roche Bobois, Viya Home
灯光 Lighting: Arjun Rathi, Contardi, Henge,
Luceplan, Melogranoblu, Penta

· · · · · · · · ·

作者 Author: Manuela Di Mari
图片版权 Photo credits: Suleiman Merchant

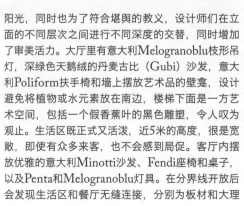

阳光，同时也为了符合堪舆的教义，设计师们在立面的不同层次之间进行不同深度的交替，同时增加了审美活力。大厅里有意大利Melogranoblu枝形吊灯，深绿色天鹅绒的丹麦古比（Gubi）沙发，意大利Poliform扶手椅和墙上摆放艺术品的壁龛，设计避免将植物或水元素放在南边，楼梯下面是一方艺术空间，包括一个假香蕉叶的黑色雕塑，令人叹为观止。生活区既正式又活泼，近5米的高度，很是宽敞，即使有众多来客，也不会感到局促。客厅内摆放优雅的意大利Minotti沙发、Fendi座椅和桌子，以及Penta和Melogranoblu灯具。在分界线开放后会发现生活区和餐厅无缝连接，分别为板材和大理

石材的两堵墙相对而立，令人印象深刻。在更私密的空间中，色彩趋为暖色。用于家庭聚会的房间不再使用大理石，而是使用橡木地板；主卧室，包括带有大型软垫床头板的Poliform床，采用的都是灰色调，奶油色墙纸的使用使卧室充满活力，另外设有休息室、衣柜间和带按摩浴缸的浴室，主卧西向有私人花园，南向则可见绿色种植园。第二间主卧是业主为他的大儿子和儿媳准备的，孩子另有卧室，还有许多其他客卧。游戏室，家庭影院和休息室，还有深棕色复古风格的私人书房，功能全面而时尚。

贵妇归来

马拉喀什的拉玛穆尼亚（**La Mamounia**）酒店
是摩洛哥好客传统的象征，同时也是文化革新
的典范，在Patrick Jouin和Sanjit Manku两位
设计师的重新设计下，现在的它比以往任何时
候都更唯美。

拉 玛穆尼亚被称为"贵妇人"（Grande
Dame），这家具有传奇色彩的豪华酒
店隐藏在秘密的庭院世界中。由传统式
圆柱和摩尔人的饰带、古老的橄榄树、芬芳馥郁的
玫瑰花园、柑橘林和其他上千种植物装饰而成的庭
院令人如痴如醉。酒店占地8万平方米，原是18世纪
时摩洛哥国王送给儿子Al Mamoun王子的结婚礼
物。1923年，这块绿洲被改造成拉玛穆尼亚酒店，
酒店融合了阿拉伯和安达卢西亚建筑与装饰艺术。
法国设计师Patrick Jouin 和生于肯尼亚的加拿大设
计师Sanjit Manku的重新设计翻修注重当代风格并
大量使用设计作品，为酒店环境注入更大活力，引

人注目。酒店魅力四射，"令人安心的时间静止的感觉"使这座五星级设施在过去97年中一直堪称真正的传奇。项目引入了新的娱乐空间和其他享有盛誉的服务，特别是在高级餐饮领域更是如此。例如，在Galerie Mamounia旁边，Pierre Hermé经营的Salon de thé茶室摩洛哥元素十足，沙发沿墙相对，朝向中央喷泉。水似乎从大理石地板中喷涌而出，呼应着巨大的玻璃吊灯，这个"非凡的对象"自大厅里也清晰可见，吸人眼球。满满的体验感蔓延至邻近的庭院，精巧的建筑、丰富的装饰，尽显摩洛哥式楼阁的辉煌。这里的几何设计宁静、完美，座位和灯笼的设置让客人流连忘返，尽享Pierre Hermé的独创之美。之前的Le Français餐厅焕然一新，现为

总承办商 Main Contractor: CMS

酒店运营商 Hotel operator:
The Leading Hotels of the World

建筑与室内设计 Architectural and interior design:
Patrick Jouin, Sanjit Manku

照明设计 Lighting design: Voyons voir

装饰 Furnishings: Cassina, Ethimo

吊灯 Chandeliers: Lasvit, Véronèse

灯光 Lighting: Brossier Saderne

工匠 Craftsmen: Pietro Seminelli, Cédric Peltier, Marie
Hélène Soyer (Emaux Métaux), Pierre Frey

....

作者 Author: Antonella Mazzola

图片版权 Photo credits: Alan Keohane

L'Italien餐厅，由蜚声国际的米其林星级名厨Jean Georges Vongerichten先生经营，扩建后的餐厅采用冬季花园的形式，透过大窗户，可以欣赏郁郁葱葱的植被。巨大的玻璃装置下面的空间中心是开放式厨房。20多米长的绿色雕带沿着后墙延伸，仿佛映衬出出花园，如梦如幻，神奇绚丽。全新设计的丘吉尔酒吧（Churchill Bar）就像亲密的"烟熏橡木圣殿"，由此可以进入影院。风格就像Jean Georges Vongerichten先生的Asiatique亚洲餐厅（原为意大利餐厅）美食一样琳琅满目。传统的摩洛哥家具与中式、日式和泰式餐品的精髓融为一体。沉浸在花园之中的室外游泳池和采用摩尔式建筑拱顶、圆柱和五颜六色的马赛克装饰的室内游泳池堪称酒店的点睛之笔。

幸福与效率同在

这是一个围绕个体、工作性质和必需工具而设计的办公室。Pallavi Dean领衔的Roar工作室设计的日本武田制药迪拜总部是继东京之后的第二个项目。项目秉承的宗旨是幸福就是生产力。

"**我**们还能为患者多做些什么？"这是日本武田制药的理念。对员工而言，这是道德原则。迪拜总部负责监管整个中东地区，这是仅次于东京的第二大区域。那里的空间围绕着个人的工作和生活必需品进行组织。Pallavi Dean是Roar工作室的创始人和创意总监，她在迪拜长大，在伦敦呆过多年，但或是受其印度血统的影响，她将这一想法付于实践。因为充分

考虑到每个人都拥有自己的抱负和特点，而且需要用自己的方式来表达，所以Roar工作室与Herman Miller的空间分配模型专家（SAM分析）合作，进行方案优化，定制重要空间，并应用美国专业办公家具公司进行的灵动办公室（Living Office）研究。设计的空间可以衡量一天中不同时段所进行的各种活动，而且可以实现快速和有效的工作流程。具体而言，有35%的办公空间用于个人工作的"蜂巢"区

域，29%用于会议空间，13%用于进行非正式社交活动的"休息"区域。武田制药迪拜总部的亲自然设计是另一个关键因素。"日光可以缓解疲劳，绿植可以减少困倦，"Pallavi Dean说，"与大自然的接触不仅令人愉快，还可以提高注意力和集中力。最近的疫情提醒我们，我们与大自然的关系太过遥远。我相信这将成为大多数室内设计项目未来的必经之路。"在2000多平方米的区域内，日本元素和当地环境的有机融合，使该项目既表现出地域特点又体现了公司属性，美学效果突出。内部采用传统拉门并利用木材、生水泥和纸张等材料，整体设计语言简约、低调、现代。整体色彩包括"武田红"，并使用大量的公司图标。董事会会议室的布局类似日本茶馆，而接待区则参考日本家庭的传统玄关模式。设计还包括各种各样的阿拉伯风格设计和工艺，如设计师Khalid Shafar设计的使用椰枣叶编织技术的胡斯(Khoos)系列艺术品。传统上它常被用来制作屋顶和地板垫，其制作方法和榻榻米的制作方法非常相似。控制和消除污染物质的方法确保了舒适和健康。该项目已获得LEED银级认证，符合ASHRAE标准，节能率可达12.3%。

所有者 Owner: Takeda Pharmaceutical Company
装饰 Furnishings: Geiger, Haworth, Herman Miller, Shaw, Kaprel
纺织品和墙纸 Textiles and wall coverings: Elitis
艺术品 Artwork: Khalid Shafar
• • • • • • • •
作者 Author: Manuela Di Mari
图片版权 Photo credits:
Courtesy of Roar Design Studio

伴有治疗功效的和谐

Matteo Thun&Partners建筑师事务所在德国南部创建的新温泉酒店代表着和谐、平衡和可持续性，为客人带来全身心的非凡体验。

物质空间和健康是Matteo Thun & Partners建筑师事务所设计Bad Wiessee镇度假村的着眼点，该度假村面向的泰根湖（Tegernsee），因1910年发现的碘硫泉而闻名。这种碘(Jod)硫(Schwefel)盐溶液非常罕见，科学证明其对许多疾病的预防和治疗均有疗效，因此温泉酒店被命名为Jod Schwefelbad。温泉中心以健康本源学的原则为基础，特别关注身心健康和舒适的护理设施之间的内在联系。强大的功能和物质供给，光、水

的完美融合和优越的自然环境，令人身心愉悦。从水流穿过的室外入口开始，空间渐次从公共区域移步至私人浴区，并一直延伸到露台。从连续的4个大厅上方洒下的光线和设施照明引导着客人，精确而自然，所有组成元素在完美平衡的视觉氛围中汇聚。房间渗透着自然光，客人既可以保证完全的隐私，又能够欣赏外部的天空和树木，这是独立使用的浴室和从花园直达的低层特别护理区不可或缺的因素。历经风霜的当地石材和木材，天然痕迹明显，与外部金属带外壳非常相似，浑然天成。通风和冷却依赖于附近山区的夜间空气而无须人工空调，独树一帜。

所有者 Owner: Jod Schwefelbad Wiessee
建筑设计/室内设计 Architecture & Interior design:
Matteo Thun & Partners

········

作者 Author: Antonella Mazzola
图片版权 *Photo credits: Jens Weber*

怀旧情绪

罗马索菲特酒店（**Sofitel Rome Villa Borghese**）的风格中融入了意大利和法国的生活艺术，最近由法国建筑师兼室内设计师Jean-Philippe Nuel重新设计。

向特莱维喷泉（Trevi Fountain）走几步，继续前往美第奇别墅（Villa Medici），从高高的露台上俯瞰圣彼得大教堂的穹顶。这只是罗马索菲特酒店奢华的一个缩影。这家位于首都罗马安静街道上的五星级精品酒店，在建筑师兼室内设计师Jean-Philippe Nuel操刀下刚刚重新向公众开放。这是一个珍藏Nuel情感的地方。在他还是一名学生时，他就曾有幸在离酒店不远的地方作画。因此，对它重新进行设计让设计师兴奋不已。创造"旅途中的旅程"，将他身边的意大利古典主义和法国现代主义两种文化体现在这座19世纪的建筑之中。所有的房间都体现出设计的初衷，展现特有的魅力和力量。白色的大堂墙壁象征着严肃和优雅，与表达意大利人的慷慨和欢乐的五颜六色的大理石地板形成鲜明对比。原有地板的再利用和必要使用大理石碎片或地毯的替代地板是对无忧无虑甜蜜精神的致敬，充满了生动色调。78间客房和大套房是底层的自然延伸，墙壁采用白色。彩虹般的天花板仿佛在向意大利建筑的壁画致敬，在自然光的包裹下创造出明亮天空的错觉。橡木地板、软垫床头板、书柜和其他"温暖"的元素赋予环境一种居住的感觉，打破了酒店的传统密码。从会议区壁炉旁的书籍中取出一本书阅

读，家庭氛围立刻涌现。许多家具都是Nuel的定制作品，不过透露出设计师对意大利制造的偏好，不仅有Living Divani、Minotti、Moroso、Flos、Arflex、Listone Giordano等品牌产品，同时还有Kettal、Expormim、Tom Dixon、Ligne Roset等国际知名品牌。花园成为上层餐厅的灵感来源，室内植被郁郁葱葱，Nuel为这一场合专门设计的面料和座椅装饰符合这一主题。毕竟，真实而不做作一直是Nuel信奉的风格特征。

所有者/酒店运营商 Owner & Hotel operator:
Accor Invest
开发人员 Developer: Artelia
室内设计 Interior design: Jean-Philippe Nuel
装饰 Furnishings: Custom made on design by Jean
Philippe Nuel; Arflex, Arro Bruner, Azucena, Billiani,
Caravita, Diesel, Expormim, Kettal, Knoll, Kos,
Ligne Roset, Living Divani, Luxy, Miniforms, Minotti,
Moroso, Sé London, Siltec, Tacchini, Very Wood
灯光 Lighting: on design by Jean-Philippe Nuel; B.lux,
Christine Kroncke, Flos, Ligne Roset, Moooi, Muzeo,
Preciosa Lighting, Tom Dixon
浴室 Bathrooms: Decor Walter, Duravit, Foursteel,
Grohe, Haccess, Keuco, Wedi
地板 Floors: Listone Giordano, Revigres, Vicalvi
天花 Ceilings: Auberlet & Laurent, Muzeo
墙壁 Walls: Designer Guilds, Hubler, Polyrey, Sikkens,
Silestone, Vicalvi
地毯 Carpet: Design Nuel, Galerie B
花盆/花瓶 Pots, Vases: Domani

· · · · · · · · ·

作者 Author: Manuela Di Mari
图片版权 Photo credits: Gilles Trillard

无论老幼，社区联手

水线俱乐部（**Waterline Club**）由罗克韦尔建筑设计集团（Rockwell Group）设计，是曼哈顿河畔大道（Riverside Boulevard）上宏伟的住宅开发项目的一部分，为居民提供令人惊叹的服务和活动。

水线俱乐部是蔚为大观的土地开发项目水线广场（Waterline Square）中的最新作品。20多年前，根据总体规划，位于纽约曼哈顿上西城西南边界的南河岸（Riverside South）开始改造。罗克韦尔建筑设计集团设计的结构成为3座豪华住宅楼的连接点。这3座住宅楼分别由Rafael Viñoly Architects建筑师事务所、Richard Meier&Partners Architects建筑师事务所和Kohn Pedersen Fox Associates联袂设计。它围绕10,000平方米的公园而建，该公园位于这个活跃的住宅区的核心，而住宅区的面积同样广阔。水线俱乐部旨在从建筑和规划上弥补3座玻璃摩天大楼之间的差距，为所有居民创造社区概念，并为各个年龄段的人提供各种各样的体育和娱乐服务。Nexus是3座塔楼的主要聚集地，也是各种功能的连接点。由枫木制成类似于船体的弯曲桥梁，特殊的层状设计传达出阴凉庭院感觉的动态天花板，使此处拥有无上的吸引力。在人行道周围的柱子上，粉末涂层铝制叶片像花瓣一样分叉，不仅活力四射，而且可以遮挡光线，并在白天改变颜色，调

节温度。从Nexus，客人可以前往各种便利设施进行活动，包括一个室内滑板场和将在住宅区内建造的网球场。其他娱乐空间还包括一面9.14米高的攀岩墙和一个前卫的健身中心。一楼水疗区、25米长的三泳道游泳池、水疗按摩浴缸、土耳其浴室、桑拿和儿童游泳池，应有尽有。私人放映室配有烹饪角，客人还可以享受豪华的保龄球馆和创意休息室，休息室旁边为音乐录音室、艺术工作室、商务中心、室内园艺温室，还有一处休息区配有一个用深蓝色微型玻璃镶板包裹的专用酒吧。该区域还包括椭圆形的乌金木圆顶天花板游戏室，天然美观；而在用胡桃木镶嵌铂金墙面的派对室中的巨大壁炉由黑白根大理石板覆盖，高端大方。专为儿童设计的互动游戏室达400多平方米，设计者是屡获大奖的儿童博物馆创作者Roto Group。空间内的3D功能滑梯、旅行车、船等，卓而不群。

所有者 Owner: GID Development
建筑设计/室内设计 Architecture & Interior design:
Rockwell Group

········
作者 Author: Antonella Mazzola
图片版权 Photo credits: Evan Joseph, Scott Frances

以色列拉马特甘市Amot中庭塔的电梯井具有开放的空间，光线自窗户射入，美轮美奂。5部电梯井并排而立，仿佛科幻大片。该作品获得2020年锡耶纳奖项中的杰出作品奖。这座40层的塔楼由

Moshe Tzur Architects and Town Planner事务所于2016年完成。

OneJee的含义为"云的创造"，设计根据品牌名称进行叙述，量身定制不同尺寸的白色亚克力"云"装置迎接来客，细微的光影效果覆盖整个天花板。

Tisettanta
CONTEMPORARY HOME

METROPOLIS STORAGE SYSTEM
YORK SOFA
KUBICO COFFEE TABLE AND RIALTO SIDE TABLE

WWW.TISETTANTA.COM

设计师创造的商业空间将弧线、阴阳、禅意完美地融为一体。"突然之间，这堵墙陡然弯曲并在汹涌的光线中伸展，进而与音乐的声音混合，变成宁静的蓝色湖泊。"

lualdi.com

Ying

lualdi

B+K建筑师事务所，设计界的人类学家

屡屡斩获国际大奖的酒店设计公司Baranowitz+Kronenberg建筑师事务所的联合创始人阿隆·巴拉诺维茨（Alon Baranowitz）和艾琳·克罗内伯格（Irene Kronenberg）向我们讲述了他们最新的项目和设计方法："我们不断地观察、倾听、与尽可能多的人交谈，并汇总收集我们的发现。只有沉浸在这些新知识中，我们才能真真切切地评估手头的项目，并让这些知识引领我们前进。"

"阿隆管理办公室的创意部门，他对建筑细节、施工方法和材料情有独钟。艾琳是位室内设计师，更是天生的心理学家，对人的处境具有独特的理解力，这在设计中绝对是难能可贵的品质。她通过颜色、质地和材料的巧妙运用，极大地增加人们感官上的完美体验。" 屡屡斩获国际大奖的Baranowitz+Kronenberg建筑师事务所的联合创始人阿隆·巴拉诺维茨和艾琳·克罗内伯格形容自己是非常全球化的人——他们几乎走遍全球："我们的游牧方式在我们的项目中得到很好的体现。我们认为我们的独特之处就在于能够通过叙事设计吸引人们，这种设计抓住并彰显了时间、地点和当地社区的精髓。"

作者: *Francesca Gugliotta*
肖像图片: *Sharon Derhy*
项目图片: *Amit Geron (Âme Showroom, Sir Joan Hotel, Sir Victor Hotel)*

你们的最新项目W Ibiza酒店刚刚开业。您能介绍下情况吗？

在委托我们进行设计后，我们立刻依据W酒店的DNA，尝试设计一个全方位的体验式平台。20世纪80年代，我们曾接受巴利阿里（Balearic）群岛海滨建筑的挑战。当时的改造项目可谓天翻地覆，但我们的确成功地将其打造成连接客人、设置场景并能够激发想象力的社交中心。W品牌诞生于纽约市的混乱和文化，代表着领先的生活方式。它总是在追求下一个全新的未来，激发人们对生活的渴望。当太多仍显不足的时候，W品牌要求得更多……W品牌的思维方式大胆而独特，总是代表着目标受众的激情，同时也在不断开拓新领域。我们此次设计的主题设定在"花的力量"上，整个度假区的设计都遵循这一主题，并通过它赋予不同场所大胆又整体的自由精神魅力。这种软实力的思维定式通过空间的安排、材料和饰面的选择得到增强。"轻松"是个关键性概念，是我们设计的另一个本质特征，我们通过最少的色彩、阳光和阴影实现的简洁性，引人侧目。

你们还在做什么其他项目？

我们目前正为荷兰著名的家具品牌Lensvelt开发Chesterfield家居。这套家居包括从椅子到沙发的全系列项目。两年前在米兰莫比尔沙龙（Salone del Mobile）上，客户见证了椅子的诞生，很快就会与大众见面。布拉格W酒店正在温塞斯拉斯广场如火如荼地建设之中。我们很荣幸能够参与到将传奇的欧岁巴大酒店改造成W酒店的建设之中。特拉维夫（Tel Aviv）恺萨金石之家（House of Caesarstone）已进入最后阶段，面世之后将成为一个创新的社交平台，它会激发人们的想象力和灵感。设计和生活方式主题与恺萨金石之家的生活密切呼应。米兰Edition Hotel酒店的餐饮（F&B）部分的设计已经万事俱备，只待夏末施工。2021年9月，我们将举办网络研讨会，其中我们会分享公司成功的幕后故事并向大家讲述将我们引领到这一步的方式方法。我们相信，这段旅程并不亚于最后的物质空间，但没有人真正知道这一切的背后到底是什么，是什么以及怎么做。剖析背后的故事让我们很兴奋。项目清单还在继续增加，现在这样的忙碌状态让我们感到很幸运。

在你们的酒店设计理念中，都有哪些很重要的原则？

我们可以总结出3个原则。首先，人是最重要的原则。归根结底，这一切都关乎人和人类的福祉。其次，文化、历史、地理、经济、政治等因素决定了地方的本质。永远不能认为我们自己就是对的。无论在世界的何处进行设计，我们都是人类学家。观察、倾听、与尽可能多的人交谈并收集我们的发现是我们的必经之路。只有感觉到已经完全了解这些新知识，我们才会对手头的项目进行评估，并用新学到的知识指导我们的设计工作。再次，是创造永恒、开放同时又难忘的体验。设计师创设的体验要有灵活性，要允许存在不同的理解，允许人们在体验任何空间的同时找寻到他们存在的意义，这样才算完美。我们相信，为了让体验与个体之间产生共鸣，它既不能是规定性的，也不能是明确的。个人解读是关键。最好的设计

巴塞罗那维克多爵士酒店

是那些在一生中每当我们重温它们时都能唤起新的解读的。圣-埃克苏佩里的《小王子》就很好地体现了这一思想。我们从孩提到少年，再到成年，甚至更年长的时候都会阅读这个故事。每当我们读到它时，都会触动我们的心弦，成为灵感和快乐的新源泉。任何达到这种超凡品质的空间都是标志性的。

您说你们不是室内设计公司，而是在讲述故事？

在一定程度上，我们更愿意把自己当作人类学家，因此对事物应该如何发展，我们并不做判断，更不能先入为主或带有个人偏好。这种思维方式可以保证我们能够无缝融入任何文化，并从中汲取精华，进而将其转化为我们发展故事的平台。因此，我们亲自体验了解当地的情况，进而通过设计讲述故事。我们没有所谓的公式和风格，我们找到地方的本质，然后一起向前走。我们创造一个引人入胜的微型世界，这个世界不仅歌颂这个时代的精髓，而且传达出人类对原创性和真实性的渴望。

你们的空间设计是要做到"极简抽象的地步"，但你们设计的空间却没有按照最小到极致的方案进行。这是因为什么呢？

"极简抽象"不应单纯从字面上理解，它是一个概念，指的是我们工作的第三个原则，即开放式设计和对其本质的全方位解读。为了达到这样的表达水平，我们必须超越普通的叙事进而达到极简抽象的境地，无形的东西和有形的东西一样鼓舞人心。

纽约Âme展厅

您在研究零售概念，比如Âme商店。您能介绍下零售设计的衍变吗？

零售设计必须随着消费、体验和商店类型的不同进行差异化设计。以Âme商店为例，我们提出一种针对钻石首饰零售的全新模式，将人的体验置于每个接触点的中心。简单而言，就是创设一个情感空间。珠宝与空间体验是同等重要的整体，与接触到的质地和材料、闻到的气味和感人的视频音乐同样重要。我乐于接纳时代的转变，也做好为它庆祝的一切准备。提出一个新的零售体验的范畴，让人感觉仍然需要学习直觉、诱惑、非正式性、行为、可持续性和难舍难分等概念。我们认为这是全新构想零售空间的一部分。

西班牙伊比萨**W**酒店

您说过您是为像您这样的人进行设计的。您给介绍下这方面的情况？

我们没有共同的使我们能够协同工作的专长。阿隆管理办公室的创意部门，倡导设计策略、空间概念，然后将生活和意义融入其中。他非常喜欢建筑细节、施工方法和材料，并不断寻找新的和未来的设计。艾琳是室内设计师，视野开阔，判断敏锐，总能预见不可预见的情况，并使办公室朝着正确的方向发展。她是天生的心理学家，对理解人类的处境拥有独特的敏感度，这在为人类进行设计方面是很大的优势。对她而言，颜色、质地和材料的选择如探囊取物。

您的公司总部在特拉维夫和阿姆斯特丹，但您是个环球旅行者。您认为您的游牧方式反映在您的项目中了吗？

情况正是如此。我们认为公司的独特之处就在于能够通过叙事驱动设计吸引客户，这种设计的重点在能够抓住并准确表达时间、地点和当地社区的精髓上。我们所有的项目都是量身定做的。我们创造迷你世界、迷你故事，在这个世界顶级的设计叙事中，当地的消费者和居民等被塑造成普通的个体，切身体验当地或跨地区的历史和经历。

在这个疯狂的时期，您的生活和工作方式有所改变吗？

我们都是非常乐观的人，我们的工作室和优秀的团队就像是家庭的延伸。在这段时间里，让家人团聚是最具挑战性的部分。当病毒来袭时，我们召集我们的团队，宣布"我们将一起面对这场危机，并将最终一起走出困境"。这是个独特的时代，需要独特的努力和承诺——如果我们想渡过难关，我们现在都要对彼此负责。我们的团队现在可以自由地在家里或办公室工作；他们有自己的家庭、要照顾的孩子、要处理的焦虑情绪、要排解的心理压力，我们允许他们在保证目标实现的前提下自由分配自己的时间。我们待在特拉维夫的公寓里，这是个好事，因为我们开始明白为什么如此热爱它。我们周游过世界，踏足过世界七大洋，现在我们终于有时间享受自己的公寓。四处游牧的感觉像是个终端，有那种插上插头又拔出的感觉。这是旅行的恶性循环。现在我们有时间享受了。我们可以整天坐在美丽的露台上休息。

疫情过后，您认为酒店的空间会改变吗？

一旦这一切结束，我们期待步入一个变化巨大的世界。对于我们这个行业而言，这非常关键。我们预计酒店和餐厅的设计将发生革命性的转变，它会回归到基本设计，让慢生活和对生活中简单事物的赞誉成为生命中的主导。我们认为，酒店设计长期以来一直是同一主题的变体。当前的危机无疑可以当作一个重新发现新路径的机会。真正的设计师们会拥抱这些新的价值潮流，从自我标榜转向自我赋能，以追求整体健康和福祉。"生活在泡沫中"的设计将会越来越少，代之而来的将是更多的以有意识的、脚踏实地的、以最纯粹的形式解决幸福健康问题为导向的设计。

西班牙伊比琼先生酒店

景观：从陈词滥调到身心放松的时间进程

关系视角构成了墨西哥Sordo Madaleno Arqui-tectos建筑师事务所为圣何塞－德尔卡沃（San José del Cabo）的**Solaz Los Cabos**酒店设计的项目基础。酒店沿海，设施完善，游泳池、餐厅、健身中心、水疗中心、海滩俱乐部和大量的本土植物，体现出酒店和自然环境的完美契合。

闪光的沙滩白茫茫一片，与清澈的海水不期相遇。深蓝色的Cortes海水曾在美国作家约翰·斯坦贝克的日志中有所讲述。沙漠的壮丽景色，色彩鲜艳，就像运动的云朵的延时影像。Los Cabos是墨西哥下加利福尼亚半岛的捕鲸者和垂钓者的胜地。它拥有无限的魅力。然而，这里缺乏对野性精神的关注，这种精神已经逐渐屈从于旅游业，而且倾向于建造一些并不总是符合局部和整体逻辑关系的东西。Solaz Los Cabos酒店之所以与众不同，在于它不仅是奢华的度假胜地，更是因为建筑本身证明了人们努力认识并尊重自然地形。Sordo Madaleno Arquitectos建筑师事务所

所有者 Owner: Marriott International
酒店运营商 Hotel operator: Marriott Bonvoy
建筑设计/室内设计 Architecture & Interior design:
Sordo Madaleno Arquitectos
照明设计 Lighting design: Luz y Forma
景观顾问 Landscape consultant: Gabayet 101 Paisaje
装饰 Furnishings: Andreu World, Atelier Central,
Cuchara diseño, Dupuis, Esrawe, Expormim, Kettal,
Triconfort;
on design by César López-Negrete
and local manufacturers
墙壁/天花板/地板 Walls, ceilings and flooring:
Bozovich, Hunter Douglas, Marmoles Arca
窗和玻璃门 Windows and glass doors: Panoramah
绳索安装 Rope Installation: Vixi
艺术雕塑作品 Artworks: Cesar Lopez Negrete
· · · · · · · ·
作者 Author: Antonella Mazzola
图片版权 Photo credits: Rafael Gamo

的项目一直以"正确嵌入"周围环境为指导方针，通过精心选择建筑材料并选用适当方法，与Gabayet 101 Paisaje合作引入本地植物，完成景观设计。显而易见也借助与海浪相呼应的匠心设计，打造了一系列与景观相适应的具有丰富吸引力的体量。酒店的造型独树一帜，充分尊重地区文化和艺术遗产。El Gabinete Del Barco画廊展出原生文物，位于公共

区域和私人空间的400多件作品，包括雕塑，装置和木制家具，均是墨西哥艺术家César López-Negrete的杰作。Solaz Los Cabos酒店占地34万平方米，酒店规模宏大，面朝大海，各种类型的客房似乎坐落在山坡之上。5座高大的主楼之间有一定的距离，并形成一定的角度差异。楼高6层，楼顶形成断裂的链条，轻盈、通风。较低的体量在下面的斜坡上呈

波浪形排列，设有私人入口露台的房间和绿色沙漠植物屋顶花园，在保证隐私性的同时可以保持房间凉爽，节能环保。酒店共包括128间酒店客房、147套共享产权别墅和位于一侧的3座9层塔楼的21套公寓，大型弧形露台沿着斜坡缓缓延伸，可以保证每个单元都能看到大海。一眼望去，入口层冲淡了外界对物理边界的感知，通过立面的垂直元素、锐角和长走廊将阴影投射到室内，从而在时间和光线之间形成轻松的互动。粗石、花岗岩、大理石以及当地木材等建材和半沙漠背景自然融合；柳条和绳索将Mako餐厅布置得极其优雅，并隔离阳光；餐厅观景台的大吊床让人流连；成排的仙人掌、镶板和芦苇架隔开了露台部分的私人游泳池。内部环境热情舒适，采用了大量灰色、奶油色和棕色色调的原生热带木材。简洁的线条、César López-Negrete的原创艺术作品以及典型的彩色织物，为我们展示独具特色的当代个性。

无限的想像

5500平方米超大体量的融创·曲江印现代艺术中心坐落在乐游原高点，与西安植物园一墙之隔。CCD香港郑中设计事务所联手GAD建筑设计事务所，汲取未来主义的原则，打造出一个充满想象力、艺术感和无限诗意的世界。

融 创·曲江印现代艺术中心是GAD建筑设计事务所，CCD香港郑中设计事务所和T.R.O.P景观等国际团队合作的结晶，3家公司各施所长，通力合作，分别进行了建筑设计、室内设计和园林景观设计。该中心屹立于雄伟的古都西安，立体透明，宛如漂浮的现代水晶礼盒，引人瞩目。内部空间延续建筑"漂浮的水晶宫"的轻盈感，但同时又通过区域的造型、功能的承载和空间的体验，展现出建筑的当代魅力。CCD

所有者/开发人员 Owner & Developer: Sunac Xi'an
建筑设计 Architecture: GAD -
Global Architectural Development
室内设计 Interior design: Cheng Chung Design (CCD)
景观设计 Landscape design:
T.R.O.P terrains + open space

· · · · · · · ·

作者 Author: Antonella Mazzola
图片版权 Photo credits: Qilin Zhang & Ting Wang,
copyright by Cheng Chung Design (CCD)

香港郑中设计事务所的设计围绕水上庭院进行布局，产生漂浮的假象，从而打破了建筑、景观和室内之间的视觉界限。错开层次的水上花园和艺术长廊两个部分构成庭院的整体。内部区域灵活，功能性强，激发客人无限的想象力和创造力，洽谈区注重隐私，咖啡馆让人流连享受。结构和肌理强调虚与实、光和影、明与暗、建筑本身和雕塑作品、固体材料和水景等之间的相互作用。环形影音室漂于水景之上，光线透过大小不同的开口投射在地板上，形成光光点点，变化无穷，魅力无限。前厅，一个巨大的不规则球体艺术品置身角落，非对称的姿态不仅彰显出空间的张力，更让人感受到远观近看的不同。超长扶手电梯两侧以超高石墙阻断四周视野，切断纷扰，就像进入时空隧道，所有感觉聚焦于顶端的那束发光切口，沉淀心灵。88秒后，到达4层，豁然开朗，8.5米高的挑高空间，透明通透。嵌在空间中硕大的金色矿石镂刻该中心的分区图，象征建筑强有力的心脏。螺旋线完美弯曲成跨层的楼梯，纯净诗意，完美无瑕，陪伴客人进入充满想象的世界。

重现辉煌

Casa Burés集万千荣誉于一身，也是加泰罗尼亚现代主义的瑰宝。室内设计由西班牙Estudio Vilablanch和TDB Arquitectura两家公司操刀，最终打造26间具有高品质共享区域的专属住宅，完美结合了历史文化底蕴与当代装饰解决方案。

在本案中，荣耀远非外表所及。住在Casa Burés的公寓里，你会情不自禁地去审视细节。在这个庞大的整体中，你会不厌其烦地去探索发现20世纪初既已存在的语言，它依赖英国设计师威廉·莫里斯（William Morris）的工艺美术运动所倡导的原则，淋漓尽致地表现自然的形式、传统的材料和技术。这座6层楼建筑占据格拉西亚大道（Passeig de Grácia）附近约半个街区的长度，自1979年起即被列入文物保护名录。这座角形建筑的结构和装饰顺序最初由建筑师Francesc

Berengueri Mestres设计。如今，西班牙Estudio Vilablanch和TDB Arquitectura两家公司的优秀团队紧密合作，进行室内设计和修复，并顺利完工。团队恢复并强化原有的装饰部分，同时，26个包括公寓和阁楼的新住宅单元也适应当前的管制要求和功能标准，布局、技术、安全性和防护措施、便利性和舒适性等也都满足当代的要求。设计团队强调了3个改造概念，一是将每个空间内在的优雅与光线、空间和精细材料等现代建筑的优势相结合；二是选择干净、现代形式的上等家具；三是照明设备选择法国

Serge Mouille, 荷兰Moooi, 意大利Oluce、Davide Groppi、Flos以及西班牙Vibia等最具代表性的特色照明设备。新色彩、新饰面以及新材料避免了对原有元素的破坏,把新旧很好地融合在一起。一楼原为前业主纺织商人Francesc Burés设立的办公室和仓库,如今为3个Loft户型的居住单元。设计保留了20世纪初的铸铁柱、裸露的砖墙、厨房和家具,工业特征明显。地下室化身为公共区域,游泳池、水疗中心、健身房、酒窖、露台和社交活动空间等应有尽有。主楼层的装饰引人注目,两个500平方米的豪华公寓宏伟壮观,修复后的马赛克砖和镶嵌细工构成的地面铺面、彩色玻璃窗、覆有壁画的墙体和天花板、木制装饰元素以及带有浮雕的天花板等,华丽典雅。建筑上层的空间现被改造成16个公寓和5个带有阁楼的居住空间。设计师将原有的现代主义空间元素与当代的空间元素相结合,加入橡木作为主要材料,同时以白色为空间主色调,创造出新旧之间的对比。在以植物图案为基础的涂有灰泥的镀金天花板下面,有灰色的bulthaup品牌橱柜,Casa Desús沙发,来自北欧的方形Bolia桌、西班牙Viccarbe桌和更大的黑色丹麦Hay餐桌,还有来自丹麦品牌Norman Copenhagen带有殖民时代风格的椅子。

开发人员 Developer: Bonavista Developments
室内设计 Interior design: Estudio Vilablanch, TDB Arquitectura
装饰 Furnishings: Antonio Lupi, Bolia International, Bulthaup Barcelona, B&B Italia, CasaDesús, Cassina, Coblonal, De La Espada, Hay, Ivano Redaelli, Kave Home, Living Divani, Menu, Minim Arquitectura, Molteni&C, Normann Copenhagen, Norr11, One Collection, Poltrona Frau, Viccarbe, Zanotta
灯光 Lighting: Davide Groppi, Flos, Moooi, Northern Lighting, Nuura, Oluce, Serge Mouille, Vibia, &Tradition
浴室 Bathrooms: MAT by MINIM
工匠和专业人士 Artisans and professionals: Abac Conservació i Restauració, Ascensores Camprubí, Ebanistería Llorens, Jordi Pessarrodona, Max Rudgers, Rom-Aplic, Rudi Ranesi, Taller ProArtis Conservació Restauració, Taller Salvador Escrivá, Urcotex, Vitralls Bonet
艺术作品 Art pieces: Marie France Veyrat

....

作者 Author: Antonella Mazzola
图片版权 Photo credits: Jordi Folch & Jose Hevia

光的隐性价值

希尔顿酒店集团经营的杭州桐庐康莱德酒店坐落在恬静悠远的天溪湖畔。

中国浙江省西北部的杭州桐庐康莱德酒店是个无形的概念，就像湖面上闪烁的灯光一样不可捉摸，而星星、雾霭和树影则在光的映衬下不断发生变化。负责技术照明设计的PROL光石普罗照明设计有限公司对光的选择和汉嘉设计创造的掩映在大自然之中的建筑之间形成一场别开生面的对话。水体、山谷、丘陵和茂密的植被，让亮度显得很是克制，更让黑暗中的"舞蹈"愈加迷人。PROL光石普罗照明设计有限公司是一家中

国照明设计集团，它曾多次荣获酒店类灯光设计大奖，一段时间以来，该公司一直致力打造光的隐性价值，但在本案中，它不仅着眼于如何用光点亮夜色中的酒店，更在于如何通过整体光环境管理，将酒店隐入山林，从而与蓝色星空下的山光水色，交融辉映。当夕阳西沉，散落在群山之中的79间套房（包括11栋别墅）星星点点渐次亮起，让逃离都市喧嚣的客人感受星月交辉。PROL光石普罗照明设计有限公司认为，满月时分的户外光线，已能满足人们基本活动

所有者 Owner: China Capital Investment Group
酒店运营商 Hotel operator: Hilton
建筑设计 Architecture: Hanjia Design Group
室内设计 Interior design: China Modern Academy
照明设计 Lighting design: PROL
主灯光设计师 Chief Lighting Designers: Li Hui, Fu Li
· · · · · · · · ·
作者 Author: Manuela di Mari
图片版权 Photo credits: Zhong Yonggang

的照明需求。因此，他们将"月光照明"的概念，引入度假酒店设计，通过巧妙地控制对比度并将阴影和亮度相融合，平衡了室内、建筑立面和外部环境的亮度。根据自然精心设计的嵌入式灯光伴随着周围环境的变化而变化。室内外的边界并无殊异，无论是从房间内还是在公共空间，客人都可充分欣赏美妙景观，设置在外围和天花板上的光源几乎不见。柔软、温暖的灯光与自然和谐共生。聊举一例，大堂里的4棵挺拔乔木，光源向上照亮树冠，将层叠婆娑的树影，投射在天花板上，而高处的固定光源，向下倾洒，散落一地，就像阳光和叶片嬉戏，至臻至美。

意大利制造在迈阿密腾飞

由意大利设计师Massimo Iosa Ghini设计并由开发商Ugo Colombo建造的新弧形住宅塔楼向世人昭示的是意大利品质和风格。

Brickell Flatiron公寓位于迈阿密南大街1001号，共64层549间公寓，是迈阿密市中心最高的塔楼之一。设计师Massimo Iosa Ghini说："该项目始于2016年，当时朱利安·施纳贝尔（Julian Schnabel）与企业家乌戈·科伦坡（Ugo Colombo）就一件艺术品进行交谈，后者让我参与他对有机弧形塔的构想。""Brickell Flatiron体现了我的作品中惯有的流畅设计，弧形设计主要是考虑到自然分层和空气流通。在室内设计中，中心化特征明显，具体的线条和照明转化成光束，创造出适合放松身心的封闭空间。"这些公寓配有厨房、浴室和更衣室："因为有买家要求我们做装饰，所以我们根据他们的要求，与他们密切合作。从包括顶楼的第60层到3个复式顶层公寓，空间内的家具都极具特色，大窗户设计将迈阿密的光线

所有者 Owner: CMC Group
建筑设计 Architectural design:
Revuelta Architecture International
室内设计 Interior design: Iosa Ghini Associati
装饰 Furnishings: Livoni, Mascagni, Moroso, Smania
厨房 Kitchens: Snaidero
灯光 Lighting: Effebi, Kundalini, Leucos
浴室 Bathrooms: Milldue
门 Doors: Barausse
定制装饰花瓶 Custom vases: CeramicaGatti
陶瓷石材地板和饰面 Porcelain stoneware floors
and facings: La Fabbrica Ceramiche
大理石地板和饰面 Marble floors and facings: Margraf
装饰石膏 Decorative plaster: Oikos
地毯 Rugs: Sartori
健身器材 Fitness equipment: Technogym
. . . .
作者 Author: Francesca Gugliotta
图片版权 Photo credits: Zachary Balber

自然引入室内。"每个空间都有自己的特点："17楼有台球室，墙壁覆盖着垂直的绿植，一个中性色调的干邑酒吧，座位上带有搁脚板的放映室，还有一个自定义的8人沙发。18楼专为年轻居民提供的房间配有特殊的游戏设备和浅型儿童游泳池，旁边还有带有日光浴室和社区房间的游泳池。"64楼的便利设施最为独特："因为它似乎在天空中漂浮，所以被称为天空健身中心（Sky Gym & Wellness），在这里，人们可以360度全方位俯瞰整个城市，带游泳池和按摩浴缸的大露台让人印象深刻。"这是一座阳光建筑："迈阿密阳光充足，所以我们通过认真计算将自然光和人工光进行了平衡。我们选择低功耗的LED灯具，以保证可持续性；在共享空间中，与意大利公司合作开发的灯具在漫射照明和直接照明之间形成了对比，增加了深度并很好地指示出不同的区域。"CMC集团的开发商乌戈·科伦坡补充说，这座塔楼"是为搬到迈阿密的纽约人设计的"。"对于想要拥有第二个家的南美洲人来说，这里也是理想的目的地。Massimo Iosa Ghini是我见过的有才华的设计师之一。甚至在没有看到他的创作之前，我就知

道他会把这个项目诠释得很有品位。"乌戈·科伦坡是佛罗里达州一位成功的开发商："迈阿密已经成为美国三大城市之一。在疫情大爆发之前，迈阿密-戴德（Miami-Dade）地区的市场异常强劲，人口增长，外来的买家需求旺盛（这是因为这里比其他州拥有更优惠的税收政策），消费者的信任，劳动力市场坚实，这些都是它的优势。尽管对疫情还有明显的担忧，但疫情加速了购买活动，尤其是来自纽约的买家更是如此。这也许是因为存在更多的远程工作和上学的可能性，再加上低抵押贷款利率，对许多投资者而言都是刺激。"

平衡传统与创新的中国俱乐部

湖州俱乐部中心（**Huzhou Club Center**）位于上海以西的浙江省历史名城湖州，Marco Piva 的设计融合了当代国际风格和中国象征意义。

设计师Marco Piva已为中心开发了从游泳池到扑克室，从台球室到雪茄房等内部概念和初步设计："湖州俱乐部中心专为承安White City新高层住宅区居民设计。" "一座纪念性建筑成为建筑和室内设计的连续体，立面的垂直元素和材料，即大型石门回到建筑内部。这是一个带大型全高窗户的新建筑，位于城市主干道，欢迎八方宾朋。"现代国际风格中"杂糅着中国传统，湖州以丝绸和大型公园而闻名，其中的银杏林据称是世界上最古老的树种"。中国的自然和传统已经转移到当代的层面："无论是银杏叶还是竹竿，是丝绸还是扇子，一直以来都代表着统一性、完整性和延续性。" 为这一场景专业创作的艺术品引用了同样的话语符号："台球室里黑色大理石板和金属镶边诠释银杏叶，柔软的轮廓，就像开口的扇子。在酒窖附近的墙壁雕塑中拉长的蜿蜒形态像是剧场的两翼，瓶子放置在高3米宽2米的玻璃模块上，似乎在空间飘浮。"许多定制细节突出。"大厅里高6米的吊灯流淌出类似丝绸的水晶'流苏'层叠光，美轮美奂。"活动分区的设计流畅自然。"一楼接待区仿佛'大教

所有者 **Owner**: Zhejiang Chang-On Real
Estate Development Corporation
建筑设计 **Architecture**: Shanghai Citi-Raise Urban
and Architecture Design Company
室内设计 **Interior design**: Studio Marco Piva

· · · · · · · ·

作者 *Author*: Francesca Gugliotta
图片版权 *Photo credits: courtesy of Huzhou Club*

堂'，传达着不朽和严谨，同时又表达出精致的情感参与，近13米的高度，开阔庄严。地下室的休息区包括游泳池、健身房和桑拿浴室。一楼的休闲区可供午餐和会议之用，包括台球室、雪茄室、扑克室、VIP酒廊、酒窖和用作室外酒廊的大露台等便利设施。"大理石和钢制接待台，浴室里的独立面盆，大理石顶部的金属环扣柱等材料，让人印象深刻。"雕塑作品结合了功能和情感。室内和室外的不同房间参照自然和技巧的两个对立世界，在表达和形式的连续性中，将石头、金属和玻璃等硬材料与木材和织物等有机物质结合在一起。大理石选材来自世界各地，充分考虑了品质、纹理和色调，如土耳其Tundra Grey理石、巴西的Dolce Vita理石和Travertino Grey理石以及意大利红白大花Arabescato Orobico理石。借鉴中国扇子和竹子的垂直金属部件，让自然和人工照明产生了共鸣。"

Le Monde世界报集团总部大楼占地面积23,000平方米，长80米，矗立在历史建筑奥斯德利兹站的轨道之上。凹形桥梁横跨下方铁路轨道，并在两侧形成两个悬臂体，采用复杂的钢网焊接结构进行固定。

开放的拱形空间不仅为员工，也为当地居民和路人创设了一处理想的公共场所。

美国奥运会和残奥会博物馆位于落基山脉，专为美国队运动员们量身打造。图片为铁轨上的视野图景。

MIPIM ASIA SUMMIT

A unique event to reconnect,
a time to celebrate

Save the date

The property leaders'
summit in Asia Pacific!

7-8 December 2021
Grand Hyatt Hong Kong

www.mipim-asia.com

15TH EDITION

mipim®
ASIASUMMIT

短篇小说
Short Stories

对主要国际项目的广泛看法

罗马 | 21世纪MAXXI国家艺术博物馆 | POLTRONA FRAU家具

MAXXI国家艺术博物馆的最新整修工作由Poltrona Frau家装完成，安装新扶手椅之前的房间清空工作也委托给Poltrona Frau，新扶手椅没有使用不同的固定装置，因此适应性更强。重装完成的时间是2020年9月，用时很短，仅历时一个多月。从定制内饰目录中挑选的216个Kube真皮座椅仿佛圆形剧场的台阶。特殊的关闭机制创造出悬浮式结构，其中的单座座椅对齐成一排，形成紧凑的线性模式。该座椅在2004年被授予金圆规奖（Compass od.s Oro），由EOOS签署，MAXXI基金会的标志使其极富个性化，而Poltrona Frau的品牌签名通常被安置在靠背背面。

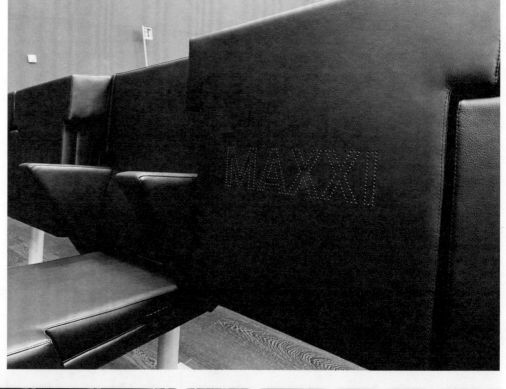

Photo © Musacchio, Ianniello & Pasqualini. Courtesy Fondazione MAXXI

意大利布雷西亚埃尔布斯科（ERBUSCO, ITALY）| 拉贝雷塔罗莱夏朵精品酒店（RELAIS & CHATEAUX L'ALBERETA）
BISAZZA碧莎马赛克, FORNASETTI家居

拉贝雷塔罗莱夏朵精品酒店位于伊索湖（Lake Iseo）附近，周围群山起伏，著名的葡萄酒产区弗朗恰柯塔（Franciacorta）葡萄园也坐落于此。房间内部独特，装饰风格明确统一，让人着迷。室外新游泳池点缀着碧莎马赛克与Fornasetti家居合作生产的Ortensia系列。歌剧Belle Époque中的女明星Lina Cavalieri是意大利设计艺术家Piero Fornasetti的缪斯女神，由25种轻淡优美的粉色和蓝色玻璃镶嵌花瓣塑造的神秘面容怯生生地从水中浮现。绿色马赛克装饰的豪华游泳池不仅让人全身心放松，而且保证了与室外花园的连续性，和谐而自然。

Photo © Matteo Imbriani

米兰 | 意大利黄金鹅（GOLDEN GOOSE HEADQUARTERS）总部 | MARA家具

在2026年米兰科蒂纳冬奥会奥运村两个大棚屋内，奢侈品牌黄金鹅与ML Architettura工作室合作创建的展厅已然亮相。工业风空间内的Simple Chairs椅是Mara的杰作。两个黑色金属板棚屋内的气氛仿佛创意车间。办公室共3层，位于较大型的楼体内，而展厅位于较小的单元内。展示空间内的建筑富有戏剧性，走廊仿佛不同季节的沉浸式通道，把新品系列叙述得淋漓尽致。显示装置为金铬饰面，与Mara的Simple Chairs椅相互交替。该系列座椅具有20世纪70年代纯粹风格，采用铝制座椅和靠背以及涂层钢结构，线条基础而干净。座椅可以堆叠，轻便可移动，同系列的凳子版本也已问世。

南非约翰内斯堡 | BROADLANDS MÊHA CASA
PORADA家具

约翰内斯堡的BroadlandsMêha Casa拥有开放式客厅，两倍层高，裸露的混凝土，自然光透过大玻璃窗进入室内。现代家具和不拘一格的物件和室内结构有机融合。这座现代化的家庭住宅共5间卧室，每间卧室都是套间结构并拥有私人庭院，从庭院向下俯瞰，花园、私人水疗中心、酒窖和家庭影院尽收眼底，如诗如画。而下方连接地面和一楼的木制踏步楼梯角度稍微升高，别有洞天。客厅的红门特点鲜明，引入设计别致、充满活力的巴黎风格家庭办公室，室内选用的Pablo Desk办公桌堪称经典。温暖的酒窖让人心情放松，坐享社交聚会的惬意。其间的大型木底座玻璃桌与Porada椅子的有机形状相结合，气氛优雅且地道。

意大利科莫梅纳焦│维多利亚大酒店 Wall&Decò墙纸

该项目整体由Studio Pe' Architettura & Designer工作室设计，保留了始建于1892年一战前"美好时代（Belle Époque）"建筑的基本元素。新增建部分虽然包括客房、餐饮、公共区域空间，还有地下的桑拿、水疗和健身房，但和原有建筑风格和建筑整体具有很强的连续性。Wall&Decò在整个装修过程中跟踪研究颜色和尺寸、平面设计方法，以及专为客户设计的全新主题等各个不同层次。同时，根据特定用途和不同环境应用了不同类型的墙纸。比如，水疗环境使用防水WET System墙纸，其他环境使用Contemporary Wallpaper墙纸和乙烯基Essential Wallpaper墙纸。这是个完全量身定做的项目，赋予酒店强烈的个性。

**定制法拉帝游艇（CUSTOM LINE）106'
FRANCESCO PASZKOWSKI DESIGN 设
计公司和 MARGHERITA CASPRINI公司
和米诺蒂（MINOTTI）**

意大利米诺蒂操刀法拉帝集团豪华品牌定
制法拉帝游艇的内部设计。整体设计将米
诺蒂的产品与游艇的内外形态协调一致，
完美结合。室内外所选用的米诺蒂顶级家
具的饰面精致，细节独特。舱中放置著
名设计师Rodolfo Dordoni签名设计的
Andersen Slim三人沙发、Reeves扶手椅
和Gray边几熠熠生辉。甲板上的家具是由
studio mk27工作室设计师Marcio Kogan
设计的Quadrado系列家具和Dordoni设
计的Aeron边桌，相得益彰。

Photo © courtesy of Custom Line

黑山多布罗塔（DOBROTA, MONTENEGRO）
MUDRA ART CUISINE餐厅 | GERVASONI家具

Mudra Art Cuisine餐厅的露台似乎专为欣赏黑山科托尔湾（Kotor）的日落而建。这家餐厅位于黑山历史悠久的多布罗塔镇的胡玛科托尔湾别墅酒店（HUMA Kotor Bay），那里曾是一支庞大的帆船船队的所在地。Mudra Art Cuisine餐厅的菜品丰富，世界著名厨师使用当地产食材重新诠释地方美食概念，户外空间配置的则是Gervasoni家具。Inout35和Inout34餐桌采用传统的越南工艺制作，柚木桌面和蓝色陶瓷腿让就餐客人情不自禁地联想起大海。Gray 24椅和Gray 03沙发摆放在桌子周围，颇具18世纪北欧风格的家具的神韵。与桌腿相配的是位于露台手工制作的蓝色和白色陶瓷装饰配件，从标志性的超大Inout 91和Inout 92陶瓷瓶到流行风格的Inout 43和Inout 44咖啡桌，应有尽有。

意大利博洛尼亚 | GARAGE RAW
LAPALMA家具

Garage Raw位于博洛尼亚重要的历史建筑之一
18世纪的Palazzo Aldrovandi Montanari宫的
新办事处已然开业。该机构遵循无等级办公室概
念，没有明确的工作站，仅是象征性地按颜色进
行划分。家具合作伙伴Lapalma家具采用其轻
型办公室（Light Office）系列对办事处进行配
置。入口两个经典红色Lounges长沙发采用意
大利设计师Francesco Rota设计的模块化ADD
座椅系统和由挪威设计事务所安德森&沃尔工作
室（Anderssen&Voll）设计的Kipu ottomans
椅。大型会议室、更具操作性的区域和法务部门
包括由意大利设计师Romano Marcato设计的
Acca和Brunch餐桌以及芬兰设计师Antti Ko-
tilainen设计的带有轮子的小型Cut和Seela扶手
椅，法国设计师Patrick Norguet设计的多功能
Mak凳以及意大利设计师Fabio Bortolani 设计
的Continuum凳。Francesco Rota设计的白色
方形Add T办公桌周围布置着黄色的模块化Plus
沙发和波浪形Pass椅，氛围轻松愉快。

纽约 | VANDEWATER住宅大楼，西122街543号（543 WEST 122ND ST）| ARAN CUCINE橱柜

Vandewater住宅大楼位于曼哈顿的地理最高点，俯瞰哈德逊河，INC公司的设计引人注目。住宅楼融合了新哥特式建筑、典型的Arci Deci建筑风格和当代特色。该建筑共33层183套公寓，四周环绕着宏伟的花园，内部为定制手工厨房和浴室配件，分别为Aran Cucine和Bathroom Collection系列。Abruzzo总部和设计师履行了对环境的承诺，为把对环境的影响降到最低，设计中包含了有助于减少热岛效应的浅色屋顶罩以及减少交通的游乐项目等。豪华公寓采用大理石、木材和珍贵天花板装饰：厨房和浴室配件是专门设计的，材质为定制版本的浅色或深色橡木。而定制式超大型存储系统将存储能力提高了15%～30%。

葡萄牙里斯本 | 微软葡萄牙里斯本总部
PEDRALI家具

OPENBOOK Architecture和Vector Mais两家葡萄牙设计团队携手完成微软位于葡萄牙里斯本的总部办公室改造设计。全新的多功能办公室包括105个房间的500多个工作站，电话亭、会议室、多功能办公室等，应有尽有。所有房间都配备Pedrali的产品。由意大利设计师Busetti Garuti Redaelli 设计的Buddy系列凳，框架轻盈，形态完满。CMP Design设计的Malmö扶手椅白蜡木与软面织物外壳的柔软度匹配。该案设计师同时设计了非正式会议区域使用的Nolita户外钢质扶手椅，会议区使用Arki-Table桌系列。公司员工可在休息时间光临餐馆和自助餐厅，配备的是意大利设计师Marco Pocci 和 Claudio Dondoli设计的绿色Intrigo系列座椅。

Photo © José Campos

西班牙巴塞罗那 | 爱彼精品店（AUDEMARS PIGUET HOUSE）| GIORGETTI家具

Giorgetti将为瑞士知名手表品牌爱彼装配其位于巴塞罗那格拉西亚大道37号的精品店的家具。该案面积共计1000平方米，精细的木工、精致的细节、珍贵的材料营造出的典雅氛围，让客人把挑选完美的钟表当作一种享受。休息室的Tamino沙发和Pamina椅呈现卡纳莱托胡桃木的色调和白色，可供客户尽情放松。家具和照明创造出的几何形式很好地呼应了Fit和Blend系列茶几和Chisel的Atmosphere地毯。客户可以尝试90°Minuto系列桌上足球，之后步入休息区坐在Corallo桌边的Hug扶手椅上啜饮。爱彼精品店的第二个区域是完整的客厅，电视墙前是Adam沙发，还有历史悠久的Mobius座椅，旁边是放在Kaleido地毯上的Galet桌子。第二个休闲吧的主要特色是镶有黑色纹理Zebrino大理石Bigwig大佬桌，并配备Aura椅。游览采购结束，客人可以在此尽情享受包围式Tilt椅，大理石Blend茶几和优雅的Moonshadow地毯。

意大利马泰拉 | LA SUITE HOTEL 套房酒店
意大利NATUZZI ITALIA家具贸易合同部

马泰拉的La Suite Hotel套房酒店是一家位于市中心的新五星级酒店，设计单位Marco Piva设计工作室选择意大利品牌Natuzzi Italia作为定制家具。该酒店落成于2019年。酒店纯净优雅的外形，极简主义的空间，强大的功能，真正的美学，旨在融入城市的历史结构，唤起20世纪意大利的理性主义。设计巧妙结合灵活的空间，运用不同的几何结构和体量，并选取地板层、结构层压板和传统石材等丰富材料，同时点缀精致细节，把建筑特点表现得尤为突出。Natuzzi Italia为酒店公共区域和40间客房量身定制的家具，无论是扶手椅、沙发、蒲团、长椅、床头板、还是配件和灯具，都注意选用高品质材料并确保精确的细节和精致的风格，融入建筑及其色彩，形成优雅的家居生活，赋予永恒之美。

////////////////////////////

Photo © Andrea Martiradonna

希腊圣托里尼 | KIVOTOS别墅酒店 | ETHIMO家具

在希腊伊梅罗韦格利Caldera镇中心，Kivotos别墅酒店以岛上火山为灵感，整体采用令人印象深刻的黑檀色调结构。别墅酒店以独特的海景并凭借风格、自然和设计的一体化，平衡了当地建筑之美。5间套房和2栋别墅的设计和细节确保了客人的舒适度，同时把别墅酒店打造得独特而唯美。Ethimo旗下由法国设计师Patrick Norguet设计的新款式新饰面Swing沙发和Knit扶手椅以及中性的Enjoy餐桌，是餐厅全景露台和专属套房露台的主角。柚木、金属、编织绳、户外专用织物软垫和陶土顶的完美统一，为入住客人创设了美丽、功能和创意等全方位的愉悦体验。

西班牙马尔贝拉 | EPIC MARBELLA 住宅区 | FENDI CASA家具, MARGRAF大理石

私人奢侈品开发商塞拉布兰卡庄园 (Sierra Blanca Estates)独家开发的新 Epic Marbella住宅区项目的首个样板别墅的室内设计由专门设计豪华住宅的 The One Atelier公司完成，56栋别墅配备的是意大利Fendi Casa家具。浅白色和灰色为主色调的Margraf大理石随处可见：抛光的新卡拉卡塔白理石地板与天然橡木相结合，为别墅房间增添独特的感觉，具有很高的辨识度；浴室和厨房使用的装饰是罗马洞石；室外和大露台使用的则是防滑Lipica Fiorito 理石。

Photo © Stefan Randholm Photography

新加坡 | 樟宜机场第4航站楼
TACCHINI家具

新加坡樟宜机场第4航站楼的意大利Tacchini扶手椅色彩鲜艳，形状圆润。来自北美的文泽师建筑师事务所（Fentress Architects）的设计将航站楼划分为场景不同的差异化区域。在Boulevard of Trees大道上，160棵无花果树沿登机走廊排列，蔚为壮观；枝条下的Crystal透明扶手椅由英国伦敦Pearson Lloyd工作室为Tacchini特别设计。隐藏的底座使圆形扶手椅看起来像是飘浮在地板上，十分有趣。西班牙巴塞罗那Lievore Altherr Molina设计工作室的Baobab扶手椅在座椅的完整造型和靠背优雅的外形之间形成奇特的对比。扶手椅不仅是位于航站楼的放松岛，也是欣赏动力装置在Central Gallery廊顶下的花朵云的极佳设施。在反映加东和唐人街传统建筑模式的机场文化遗产区，商店林立，游客可以尽情购物。

西西里岛RISERVA NATURALE SUGHERETA DI NISCEMI 葡萄酒瑞富迪匹斯精品酒店（WINE RELAIS FEUDI DEL PISCIOTTO）| PRATIC

意大利卡尔塔吉龙（Caltagirone）和阿尔梅里纳广场（Piazza Armerina）之间的乡村地区的18世纪老酒庄已被改造成一家只有10间客房的精品酒店。通过设计师谨慎的修复，酒店把建筑和葡萄酒文化完美融合。现代设计元素和乡村石结构建立起彼此尊重的关系，融洽而自然。为了保证引人入胜的全景，又能够创造有遮蔽的露天空间，设计选择Vision的生物气候凉棚覆盖在原始棕榈树上创造的露台。Vision凉棚采用铝材和不锈钢材，可全年使用。它通过利用太阳光线和空气循环实现温度调节，创造出可以保证最大舒适度的内部气候条件。防晒片可以旋转140度，从而更好地控制光线强度。雨天会自动关闭，以确保完全的防护，同时通过隐藏在结构内部的周边排水管将雨水引导到地板下。

迪拜 | 迪拜一号开放式酒店
(STUDIO ONE HOTEL DUBAI) | **BROSS家居**

迪拜一号开放式酒店是一家四星级酒店，内部装饰感十足，主要针对的对象是新一代旅行者。本案由 Bishop Design公司设计，具有明快的色彩、大尺寸标识、图案、复古品、与电影世界的联系和热带植物等，兼收并蓄。酒吧区采用Bross的Ava系列，油绿色和土灰色的外壳和黑色油漆木框架，时尚而大胆。前部皮革装潢的菱形绗缝和酒店室内设计的几何图案特点相得益彰。采用的Ava版本在外壳背面结合了相同颜色的皮革和绒面革。

Photo © Alex Jeffries

意大利那不勒斯弗拉塔马焦雷（FRATTAMAGGIORE, ITALY）| PARENTESI CONCEPT BAR概念酒吧
CERAMICA VOGUE瓷砖

Parentesi概念酒吧位于那不勒斯附近的弗拉塔马焦雷。意大利设计师Carmine Abate设计的新月形布局融合了东方元素。酒吧具有明亮的色彩、不同的时代感并且采用了Vienna稻草以及镶板等元素，还有富有东方主题的墙纸、木材和漆器。整个场地和小卫生均采用Ceramica Vogue瓷砖饰面等多种材料。地板采用Interni系列5厘米×20厘米的缎纹饰面冰白和黑色棋盘式人字形瓷砖，产生的光学效果赋予了整体强烈的个性。卫生间和天花板的瓷砖规格为10厘米×10厘米Interni黑色系列，洗脸台使用的也是黑色调，只有支撑洗脸台的亮黄色橱柜呈现出不同。

///////////////////////////

Photo © Mena Tignola

伦敦 | UPPER BROOK STREET APARTMENT公寓
DECORMARMI理石

Upper Brook Street Apartment公寓是伦敦上布鲁克街专属区域的一处定制式公寓，漂亮的天然石材，色调不同，个性十足。Bergman Design House事务所创始人兼创意总监玛丽·索利曼（Marie Soliman）说："应客户要求，我们进行了堪称世界级的设计，全部空间都量身定做，同时携手最好的工匠，将纹理分层，并采用意大利手工挖掘的珍贵石材，形式和颜色俱佳，堪称大自然的最大馈赠。"大理石的运用就像五颜六色的艺术。"对称又互补。一个空间里3块石头分别是深菘绿色的Panda石，而象牙色和黑色调的咖啡桌面向仿佛画布的黑白根（Nero Marquina）壁炉；薄荷绿、水貂和黑色的Dedalus石充满异国情调，在某种程度上可谓是厨房吧台的有机形状。"设计师偏爱大理石："没有两块石板完全一样。我喜欢罗马蓝（Blue Roma）等蓝色（Blue）、黄褐色（Russet）、Fusion Quartz、化石绿（Fossil Green），Rosso Impero红以及天然紫色 Calacatta Viola等理石之间的对比。白色早已被过度使用：你本可成为火烈鸟，为什么却要成为一只白鸽？"

意大利那不勒斯｜英国那不勒斯－希尔顿格芮精选酒店（THE BRITANNIQUE CURIO COLLECTION BY HILTON）｜RIFLESSI家具

那不勒斯的英国那不勒斯-希尔顿格芮精选酒店位于Corso Vittorio Emanuele路。这家五星级酒店的内部装饰充满魅惑，Gnosis Progetti的翻新令人耳目一新。20张定制桌子均来自于Riflessi的Shangai系列。这是该公司最畅销的系列，其卓越的底座和倾斜的桌腿引人注目，让人不由想起著名的棋盘游戏。该酒店的定制桌底座为手工黄铜饰面，桌面为焦橡木，选材精致，对比大胆。桌子尺寸为100厘米×100厘米，顶部边缘为特殊的45度切口，便于彼此相连。

Photo © Gnosis Progetti

ifdm.design

#RedesignDigital

设计灵感
Design Inspirations

国际知名签约品牌提供创意产品

PAVILION O | KETTAL家具

Pavilion O模块形式灵活，可以快速将办公室分区，进而形成封闭的工作空间；可以快速调整的各种不同的办公室和工作空间布局，能够适应人员编制或部门职能的变化。该模块的基础为铝合金结构，并可以与玻璃、木材和织物等各种材料搭配，并加装架子、电视单元、白板和公告板等实用配件。集成电缆和功能配件等也可根据具体需要进行定制，展现出非凡的能力。

SAINT-GERMAIN沙发 | 法国设计师JEAN-MARIE MASSAUD | POLIFORM家具

2021年针对客厅的设计方案是一套室内装潢家具系统。覆盖物、织物或皮革特别强调了弯曲、圆润的形式框架。与之前的系列一样，模块化方案涉及面广，舒适性强，多种元素组合，让人倍感放松。因为Saint-Germain沙发在所有模块中都突出柔和的圆形，因此本系列最大的感受是风格布局的多样性，线性沙发、L形配置和各种有机组合，范围很广。

AERIS | 英国GRIMSHAW ARCHITECTS建筑师事务所 | TECNO

在米兰利纳特机场，397个采用深棕色皮革的2个电动扶手的4座长椅特别引人注目。框架、底座和扶手表面采用特殊的闪亮铬粉，而桌子采用黑色HPL大理石饰面。专门设计的长椅也可以通过磁性装置进行固定。约150个紫色残疾人座椅很容易识别。构造筋的标志性星形不单纯出于审美考虑，更多的是系统的功能核心，每个模块都可以用来创建一系列不同的组成部分，并可以随着时间的推移根据需要进行重新配置。构造筋还可以完全隐藏座位所需的电气系统。

MARTHA | 意大利设计师ROBERTO LAZZERONI
POLTRONA FRAU家具

设计师重新审视自己的创作，在弯曲的实心白蜡木中添加带有黑铁木或莫卡饰面的摇摆底座，创造了一个舒适轻松的摇椅。扶手椅的结构基于两个模制硬质聚氨酯框架相交。座椅和扶手形成单一的开放式轮廓，而弯曲且略有填充的靠背是利用隐藏系统固定在框架上。框架由Saddle Extra皮革外壳装潢，而内部可覆盖Pelle-Frau®皮革或织物。

CORAL | 意大利设计师MARCO ACERBIS | TALENTI户外家具

Coral模块系列组合形式灵活，可以有效增强户外生活品质。简洁、平衡的几何结构突出了轻质、简约的铝制框架，与合成绳靠背和扶手完美匹配。耐候性可拆卸靠垫，精心挑选的面料，大气的体量，让人跃跃欲试。装饰性靠枕色彩丰富，使整个系列既有个性化又不突兀，将户外空间打造得独特而具有生活气息。

NUI | 意大利MENEGHELLO PAOLELLI ASSOCIATI工作室 LUCEPLAN灯具

Nui系列户外落地灯和壁灯的核心设计在于两个圆柱形体量之间的关系，它们在彼此作用中互相补充，把平衡性、共生性和互动性的结合表现到极致。虽然仅为整个产品的一部分，但这两种类型具有不同的互补意义。上部光源区域具有3种不同的形式，光源被隐藏在视线之外并向下发散；下部区域的上部为半球形，用于支撑并充作灯光扩散器的功能。该灯具呈浅灰色，具有雕塑感，占地面积极小，富有强烈的个性。整个系列共有3个落地灯和1个壁灯4种不同型号。

INDISSIMA | 意大利设计师MATTEO THUN和 西班牙设计师 ANTONIO RODRIGUEZ | INDA卫浴

Indissima系列可谓是既复杂又现代而且功能性很强的产品。一应俱全的配件、化妆镜、控制台、隔板和淋浴辅助设备，小巧、模块化和优雅的设计以及钢材和木材等材料的选取，都让其独树一帜。从毛巾架到置物架，从给皂机到淋浴配件，每一件作品都诉说着公司的技术能力和两位设计大师非凡的设计手法：精心策划的项目完全可以适应家庭和承包项目的完美要求。

LEON | 意大利设计师DRAGA和AUREL | BAXTER家具

Leon沙发家族新添一名扶手椅成员，该成员同时也成功复制了Leon惯有的风格和舒适感。Leon系列软垫家具的包络设计所产生的感觉自2019年的沙发即已存在，现在家族中新添一把仿佛被包裹在柔软怀抱之中的扶手椅。名称的相同是因为线条和材料的有机统一。Leon扶手椅弯曲紧凑的体量和沙发的曲线相辅相成，座椅和靠背衬垫也是异曲同工。后者的可视边框极富优雅。另一方面，新产品的显著特点在于采用亚光黑色涂层金属制成的旋转底座。Nabuck皮革面和整个系统相得益彰。

YNCISA 系列 | FERREROLEGNO门窗

Yncisa系列推出Tartan，Segni，Styla 和 Tratto四类新样式，共有五种不同的门框模型和各种不同的漆面可供选择。图案包括水平和垂直格子花纹的Tartan，以及通过缩放制图仪制作的极少出现的Yncisa Segni。Yncisa Styla的特点在于不对称的水平条带，与门的平面交替，在空灵与盈满之间创造和谐。Tratto则采用巧妙的受电弓线条，具有强烈的现代美学。

WIRELINE | 荷兰FORMAFANTASMA工作室 FLOS灯具

WireLine灯具看似细长的电缆，极具艺术感和工业风。通过现代工艺制作的橡胶带悬挂在天花板上，巧妙地支撑着复杂的造型和LED光源。WireLine的色调分为粉红色和森林绿两种，可以整体安装也可以组装。该灯具适用于酒店大堂或类似公共大空间的高天花板。

INSPIRAL | 设计师ALENA HLAVATÁ NĚMCOVÁ | 宝仕奥莎

宝仕奥莎的高级设计师Alena Hlavatá Němcová声称："书法之美是我创作的灵感。其中的曲线、旋转简直就是优雅的照明设计。"因此，2021年的新作都由特别成形的不锈钢丝带创造，并可以根据需要弯曲和成形。Inspiral水晶和金属的颜色组合突出了它的现代气息。水晶、水晶磨砂或烟熏水晶棱镜与不锈钢、铜、金或黑色哑光结合的饰面完美而优雅。由小二极管组成的LED光带排列在色带的边缘。不同的浅色组合可以根据一天中的不同时间段或根据特定的要求进行调整，因此适用性更为广泛。

HALO | 意大利CALVI BRAMBILLA建筑师事务所 ANTONIOLUPI卫浴

桌子，毛巾架和门吸等构件既可以用于浴室，也适用于其他生活环境。底座和结构的巧妙结合，找到一种来自于在空中盘旋的欲望和将其固定在地面上的重力之间的平衡。Halo具有以缎面卡拉拉大理石为特征的截锥底座，黄铜漆哑光白色或浮雕结构，不同的颜色，以及在一定高度找到交汇点以形成不同配置的轮廓。在桌子版本中，由Flumood或Colormood制成的圆形托盘具有很好的支撑作用。

LINES 系列 | CERAMICA BARDELLI瓷砖 STORAGEMILANO设计公司

Storagemilano设计公司为Ceramica Bardelli瓷砖设计的LINES 系列特征独特。该系列源于水泥粗糙表面和金属加工表面的对比，属于可广泛应用于地板和墙壁的陶石瓷。平面或三维砖效果的表面因黄铜条的嵌入变得更加灵动。该系列的铺设模式多元，主要包含浅灰色、黑色和泥土色3款颜色。

GREGORY | 意大利设计师ANTONIO CITTERIO | FLEXFORM家具

沙发金属底座的朴素感被优雅的牛皮的温暖所软化，牛皮被用来定制承载座垫的弹性织带的外露部分。就像有横棱纹并经消光整理的镶边的时装剪裁勾勒出柔软的靠垫一样，这种正式的美学解决方案可以追溯到公司的历史精髓。鹅绒填充靠背和靠垫符合人体工程学原理，提高舒适度，让人尽享阅读乐趣。金属结构和铸铝脚具有缎面、铬、黑铬或抛光等不同饰面，并可与牛皮织带搭配，色彩包括烟草色、深棕色和黑色3种不同颜色。

TL-2390, TL-2681, TL-2510
意大利 TONINO LAMBORGHINI CASA
FORMITALIA LUXURY GROUP

这款Tonino Lamborghini的新家具严选意大利制造的最优质皮革、优质材料和精湛工艺，以精致的个性、有力的线条和动感的形式诠释奢华的理念，并采用最优质的饰面。3座沙发使用精致的Daino皮革，倾斜的扶手由抛光的青铜色涂层金属制成。具有4种不同的形状和高度的桌子底座和下搁架采用香槟色缎面烤漆金属，不规则边框桌面采用大理石或陶瓷材质。扶手椅的结构结合了钛色涂层金属与手工制作的白兰地色再生牛皮。

SO | FIMA CARLO FRATTINI卫浴
意大利设计师DAVIDE VERCELLI

SO是FIMA Carlo Frattini卫浴的新型双控冷热水混合龙头，用户可以更有效地选择水量和控制水温。混频器命令位于其纵截面上切割的圆柱体，其端部略圆。单孔混合龙头具备两个旋转控制手柄：左边又小又高的手柄用来设定温度，而右边更大更短的手柄调节流量。SO系列的龙头直径仅为10毫米，可在满足日用的同时有效限制水的流速，因此具有突出的绿色环保特性。

ORIGINE | 意大利设计师DAVIDE GROPPI和GIORGIO RAVA
DAVIDE GROPPI灯具

Origine源自拉丁语*origo*，意为开始、出生、来源。该系列似乎嫩芽破土，一飞冲天，茎蔓越高越细。Origine仿若探索无限的延伸光，讲述了人类关于宇宙的永恒推力的故事。它极富神秘感、高深莫测，但同时又令人舒适，它将未知的神秘和精致优雅的环境光合二为一。室外版和室内版两个版本可以分别让私人建筑的立面和内部空间保持纯净的个性。Origine的风格独特，非侵入式书画般迷人的间接光有效地塑造并改善它所创设的环境。

REGOLOTTO 系列 | APPIANI 马赛克

Appiani马赛克的Regolotto系列是Regolo系列的自然演变，以15厘米×15厘米的正方形为构图基础，白色釉面，广泛应用于住宅、零售和酒店等场所。Regolotto仿佛专门因建筑而生，把陶瓷表面的极简主义表现得淋漓尽致，创造出无数的Appiani产品。它的色度主要包括湿布色（Panno）、彩虹色（Iridescent）、淡紫（Lunaria）、深灰（Ardesia）、氧化红（Ossido）、蔚蓝（Ceruleo）、淡粉（Cipria）、砖红（Mattone）、灰棕（Tanè）、棕色（Tabacco），可满足各种需要。

COSTUME | 德国设计师STEFAN DIEZ | MAGIS家具

Costume的核心是从家具和汽车工业废料中采用旋转模塑技术制成的可回收聚乙烯的形体。由袖珍弹簧芯制成的衬垫为座椅和靠背提供缓冲。其上是薄聚氨酯泡沫。整个装置通过由织物制成的罩子固定。罩子可以用松紧带系紧，并且可以随时取下，不费周折。该系列只有四个要素：座位模块，左右扶手和一个脚凳。各元素可以选用匹配的颜色或是对比色。塑料接头被推入座椅四个角的槽中，方便进行各种组合。

衣柜和更衣室存储系统，白樱桃 | 意大利
PIERO LISSONI + CRS | PORRO家具

Piero Lissoni和Porro研究中心设计的衣柜和更衣室的存储系统从制造角度进行了变革。传统的25毫米×45毫米立柱被新的25毫米×25毫米轮廓所取代，极度轻盈：这是一种以最大视觉清洁度和透明度为名义的技术革新。新剖面提供更多的内部空间，并可以匹配衣柜、开放式衣橱和更衣室等不同类型，与完全透明的玻璃室和其他部分或完全关闭的玻璃室共同在完整或空旷的空间以及每次都有差异的建筑空间内相互作用，产生不同的体验。

IFDM
室内家具设计

业内信息 Business Concierge

这里是我们为建筑工作室、室内设计师、工程承包商、家具设计师、买家、生产商等提供的一项创新服务。

凭借在酒店室内装饰装修领域的多年经验，我们与全球业内人士建立了广泛的联系，占领了战略性的市场地位。面向渴望涉足这个领域，希望获取更多合作机会的专业人士，我们将为您提供最珍贵的业内信息。

我们提供的服务包括：目标市场识别、咨询、会议组织、B2B提案（企业对企业的电子商务），我们的目的是为各方实现商业互利的目标。

concierge@ifdm.it | ph. +39 0362 551455

ifdm.design

即将推出项目
Next

即将推出的全球项目预览

伦敦 | CADENCE公寓 | CONRAN AND PARTNERS 建筑师事务所、ALISON BROOKS ARCHITECTS建筑公司

Cadence公寓仿佛城市绿洲，置身其中，业主可以逃离城市生活的喧嚣，沉浸于一方净土。该住宅公寓位于伦敦超具活力的国王十字中心，整个项目共包含103间私人公寓，由Alison Brooks Architects建筑公司设计，室内设计部分由Conran and Partners 负责，开发商则为Argent LLP，拟于 2022年竣工。水磨石地板，温暖的黄铜，黑色橡木和复古的红砖都经过精心挑选，绝佳地反应出外面的自然世界。大落地窗和高耸的拱形天花板，嵌入式阳台和私人露台，确保室内具有充足的光线和良好的通风。24小时礼宾服务、大庭院和专供业主使用的游泳池，位于十楼设有公共景观的露台也是灵活的工作室空间，把公寓延伸到室外，设施便利，浑然天成。

韩国GYEONGDO岛｜UNSTUDIO建筑师事务所，YKDEVELOPMENT房地产开发有限公司

UNStudio建筑师事务所为韩国可持续休闲胜地Gyeongdo岛规划的47万平方米的建筑和公共空间旨在提供一处健康天然的环境，让文化和自然和谐共生。韩式园林是韩国文化的重要组成元素，总体规划也是围绕它展开。与都市生活形成鲜明对比的是，这里的自然和人造环境无缝连接，赋予客人非凡的体验。该项目由北向南分别是3个不同的街区：Gyeongdo门户（Gyeongdo Gateway）、日出海滨（Sunrise Waterfront）和海风海岸（Sea Breeze Coast），个性独特，活力四射。整体项目具有持续的运动感和流动性，建筑本身则充分利用了天然景观的优势。新开发项目旨在将Gyeongdo岛打造成亚洲第一大海洋和沿海旅游目的地，设施多元而且便利，高级酒店、私人别墅、度假公寓、室外室内水上乐园度假村、购物中心、码头和缆车等，应有尽有。

效果图：© Plompmozes

马来西亚迪沙鲁（DESARU）海滩
ANANTARA DESARU COAST RESIDENCES
住宅酒店 | WOW ARCHITECTS建筑师事务所，EDC INTERIORS室内装修设计公司
美诺国际集团，主题景点度假村酒店

Anantara Desaru Coast Residences住宅酒店位于长达17千米环境生态敏感的原始海滨，酒店由WOW Architects设计，时尚当代，充满大海气息的室内设计由EDC Interior公司完成，充满魅力。20个私人泳池别墅的建筑面积从约288平方米到约597平方米不等，每个别墅包含3～4间卧室，开放式布局，套间卧室与宽敞的起居室和餐饮空间连接，并延伸至私人无边泳池，大方自然。从地板延至天花板的滑动玻璃面板不仅可以最大限度提高海景观赏的可能性，并且可以保证室内充足的自然光和通风。完备齐全的家居设施，延伸至海滩宽敞漂亮的遮阳板，为户外活动提供更多的娱乐空间。业主和游客可以尽享私人海滩、泻湖游泳池、面向海洋的无边泳池、Anantara水疗中心、健身中心、儿童和青少年游乐区等设施并可品尝来自马来西亚、泰国和其他各国的琳琅美食。

美国洛杉矶 | HILL STREET大街1111号 |高田宏一（KOICHI TAKADA），皇冠房地产集团（CROWN GROUP）

这座耗资5亿美元的高层公寓和酒店大厦位于Hill Street大街1111号。具体位置在市中心金融区、时尚区和南方公园（South Park）区交会处，这也注定它将成为洛杉矶不断发展的天际线上的新标志。43层的酒店塔楼包括319套公寓和一家160间客房。设计师高田宏一的灵感来自加利福尼亚州广阔的自然美景和标志性的红杉树，它们高大、富有弹性又能够支撑平衡脆弱的生态系统。建筑底部的巨大天棚让人联想到太平洋的起起伏伏，这是对建筑师事务所所在地澳大利亚和美国加利福尼亚共有的沿海生活方式的认可。天棚的形态诱人但又自然，通过与街道的水平结合赋予了高层建筑人情味，吸引周围的居民纷至沓来。天棚之上是融合了天然木材和垂直景观具有创新色彩的"活"立面，为社区增添了温暖和绿色。

效果图：© Doug & Wolf

北京 | 香格里拉 | 意大利LISSONI&PARTNERS

北京首钢园香格里拉酒店正在如火如荼地建设当中，酒店的
室内设计和景观设计均由意大利Lissoni&Partners操刀完成。
酒店选址原为一个废弃的工业园区，计划于2022年北京冬奥
会召开之际在"首钢园区"建筑群内落成，届时许多奥运会
场馆都将于此向世人开放。北京首钢园香格里拉酒店是一家
五星级酒店，公共区所在的主楼和包含282间客房的单体楼互
为依托。主建筑的原有框架得以保留，工业风特点明显。巨
大的玻璃幕墙将建筑包围在一个可以控制光线和温度的透明
表皮中，原建筑华丽转身，变为一座巨大的冬季花园。

OCEANIX CITY漂浮城市 | 丹麦BIG建筑师事务所

到2050年，全球90%的大城市将面临海平面上升的威胁。Oceanix和BIG提出了世界上第一个具有弹性和可持续性的浮动社区的愿景。Oceanix City是一个人造生态系统，以联合国可持续发展目标为基础，对能源、水、食物和废弃物的流动进行调控，从而为模块化的海洋都市创造蓝图。Oceanix City的设计意图是要采用模块化平台，随着时间的推移，有机地发展、改造和适应，为生活和工作提供混合使用空间。每座建筑呈扇形展开，能够为内部空间和公共区域带来阴凉舒适的环境并有效地降低空调成本，同时使屋顶面积最大化，以最大限度地捕获太阳能。人们可以通过船只、电动汽车或轻松的步行穿越整座城市，所有社区均优先使用当地材料进行建设，其中使用的速生竹子抗拉强度为钢材的6倍。Oceanix City是一种经济实惠的生活模式，可以迅速部署到急需的沿海特大城市。

效果图：© BIG Bjarke Ingels Group

野心勃勃的中国酒店业

作为亚洲强国的中国，其新建高端酒店的项目数量正越来越接近美国的纪录。上海是最具吸引力的城市之一，而最近几个月，深圳和北京已有若干高端酒店正式开放。中美之间都在加紧建设高端酒店，而二者的差距也正在减少。截至2021年3月，中国有1506个已投建或计划建设的建筑项目，比美国少313个。而该数字在2020年9月为1337个，与美国的差距为447个。很难评估中国防疫效果更佳对这一切会产生多大的影响，但这的确是近年所保持的态势。吸引投资最多的城市仍是成都，稳定在66个项目，紧随其后的是上海（55个）和南京（51）。近几个月来增长最为显著的是西安市，该市的项目从37个增加到47个，而武汉市的项目也从30个增加到37个，经过一段时间的停滞后，中国这个亚洲大国正从疫情最先爆发的武汉市开始摆脱疫情的困扰。在全球大城市中，上海是最乐于兴建新的顶级酒店的城市之一。正在进行中的55个项目将使这座大都市的客房供应量增加13987间。到2021年底，18家酒店将建成竣工并向公众开放。目前在建的最大的酒店是将于2022年6月完工的梦帝国度假村，拟建1000套客房。这是中国目前最大的在建工程之一。深圳有33家顶级酒店已经开工或即将开工，客房共计8381间。9家酒店将于今年开业。最大的酒店深圳国际会展中心希尔顿花园酒店已经开放407套客房。政治文化中心北京的在建项目略少，共有29个，其中8个将于2021年完工。届时，中国首都的酒店客房总数将增加5916间。拥有430间客房的北京港澳中心瑞士酒店将于年中建成，令人瞩目。

顶级连锁酒店

万豪国际集团

酒店数量：7,579

客房数量：未知

正在进行的酒店项目数量：2,918

希尔顿国际酒店集团

酒店数量：6,333

客房数量：未知

正在进行的酒店项目数量：2,196

洲际酒店集团

酒店数量：5,997

客房数量：889,582

正在进行的酒店项目数量：1,280

雅高酒店集团

酒店数量：5,100

客房数量：748,000

正在进行的酒店项目数量：1,367

凯悦酒店集团

酒店数量：868

客房数量：162,163

正在进行的酒店项目数量：783

信息来源：
TopHotelProjects.com

正在进行的顶级酒店建筑项目

NEW
1,506
IN
CHINA

即将开业

意向中　16
预规划　131
规划中　397
在建中　863
预开放　50
已开放　49

即将开业

至2021年末　431

上海

项目数　55
客房数量　13,987
即将开业（至2021年末）18

深圳

项目数　36
客房数量　8,381
即将开业（至2021年末）9

北京

项目数　29
客房数量　5916
即将开业（至2021年末）8

位于顶级省份的建筑项目

成都　66
南京　51
杭州　45
西安　47
武汉　37
广州　35
珠海　34
重庆　33
郑州　33
苏州　30
三亚　28

中国三大顶尖项目

梦帝国度假村
上海

项目阶段：在建中
客房数量：**1,000**
开业日期：**2022年第二季度**

深圳国际会展中心希尔顿花园酒店，深圳

项目阶段：已开业
客房数量：**407**
开业日期：**2021年第一季度**

北京港澳中心瑞士酒店
北京

项目阶段：在建中
客房数量：**430**
开业日期：**2021年第二季度**